350 ejercicios de números enteros para 6º de Primaria

Proyecto Aristóteles

Copyright © 2014 Proyecto Aristóteles

Todos los derechos reservados.

Quedan prohibidos, dentro de los límites establecidos en la ley y bajo los apercibimientos legalmente previstos, la preproducción total o parcial de esta obra por cualquier medio o procedimiento, ya sea electrónico o mecánico, el tratamiento informático, el alquiler o cualquier otra forma de cesión de la obra sin la autorización previa y por escrito de los titulares del copyright.

ISBN: 1495425932
ISBN-13: 978-1495425936

A Silvia.

CONTENIDOS

	Para comenzar	i
1	Sumas y restas de números enteros	1
2	Ejercicios con incógnitas	Pg 19
3	Sumas y restas seriales	Pg 34
4	Representaciones en el plano	Pg 45
5	Soluciones	Pg 84
6	Epílogo	Pg 93

PARA COMENZAR

El blasón del Proyecto Aristóteles es el proverbio *usus, magíster egregius* (la práctica es el mejor maestro). El dominio de cualquier disciplina, incluidas las matemáticas, sólo puede adquirirse a través del ejercicio variado y constante. Éste es el motivo por el cual presentamos nuestra serie especial de ejercicios para Sexto de Primaria. El presente volumen está dedicado a ejercitar los números enteros mediante variados ejercicios de sumas, restas, operaciones con incógnitas, ejercicios inferencias, cálculo serial y representaciones en el plano

Proyecto Aristóteles

1 SUMAS Y RESTAS DE NÚMEROS ENTEROS

Explicación.

Los números enteros incluyen:

- Los números enteros positivos: 1,2,3,4…

- El cero

- Los números enteros negativos: -1, -2, -3, -4….

Podemos representar los números enteros en una recta. En ella, los números positivos se sitúan a la derecha del cero y los negativos a la izquierda.

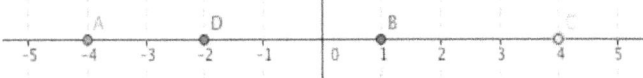

La regla para efectuar sumas y restas de números enteros es la siguiente:

Primer caso: - (- → + Si la operación es una resta y el segundo número es negativo, se suma.

Segundo caso: + (+ → + Si la operación es una suma y el segundo número es positivo, se suman.

Tercer caso: - (+ → - Si la operación es una resta y el segundo número es positivo, se restan.

Cuarto caso: + (- → - Si la operación es una suma y el segundo número es negativo, se restan.

Si los signos que flanquean el paréntesis son iguales, se suma. En cambio, si los signos que flanquean el paréntesis son distintos, se resta.

Primer caso:

$(+4) - (-5) = (+9)$ Sumamos el segundo número al primero.

$(-2) - (-3) = (+1)$ Sumamos el segundo número al primero.

Segundo caso:

$(+6) + (+2) = (+8)$ Sumamos el segundo número al primero.

$(-4) + (+5) = (+1)$ Sumamos el segundo número al primero.

Tercer caso:

$(+4) - (+5) = (-1)$ Restamos el segundo número al primero.

350 Ejercicios de Números Enteros para Sexto de Primaria

(-2) − (+3) = (-5) Restamos el segundo número al primero.

Cuarto caso:

(+6) + (-2) = (+4) Sumamos el segundo número al primero.

(-4) + (-5) = (-9) Sumamos el segundo número al primero.

Calcula.

1. (-3) + (-5) =

2. (-2) + (-3) =

3. (-8) + (-2) =

4. (-5) + (-8) =

5. (-5) - (-4) =

6. (-6) - (-9) =

7. (-3) - (-7) =

8. (-6) - (-3) =

9. (-6) + (-3) =

10. (-4) - (-2) =

11. (-5) + (-7) =

12. (-8) - (-9) =

13. (-4) - (-6) =

14. (-6) + (-4) =

15. (-5) - (-9) =

16. $(-7) + (-3) =$

17. $(-2) + (+5) =$

18. $(-9) + (+3) =$

19. $(-6) + (+2) =$

20. $(-9) + (+8) =$

21. $(+4) + (-5) =$

22. $(+7) + (-8) =$

23. $(+9) + (-3) =$

24. $(+3) + (-2) =$

25. $(+9) - (-5) =$

26. (+7) - (-8) =

27. (+3) -(-4) =

28. (+6) - (-2) =

29. (-5) - (+6) =

30. (-3) - (+9) =

31. (-9) - (+4) =

32. (-2) - (+5) =

33. (-5) - (+7) =

34. (-3) + (+5) =

35. (-4) - (+4) =

36. (-9) + (+3) =

37. (+5) + (-5) =

38. (+9) - (-3) =

39. (+2) +(-8) =

40. (+3) - (-2) =

41. (-2) + (-5) =

42. (-8) + (-3) =

43. (-6) + (-2) =

44. (-4) + (-8) =

45. (-6) - (-4) =

46. (-7) - (-9) =

47. (-4) - (-7) =

48. (-9) - (-3) =

49. (-5) + (-3) =

50. (-7) - (-2) =

51. (-2) + (-7) =

52. (-6) - (-9) =

53. (-3) - (-6) =

54. (-5) + (-4) =

55. $(-8) - (-9) =$

56. $(-9) + (-3) =$

57. $(-4) + (+5) =$

58. $(-8) + (+3) =$

59. $(-7) + (+2) =$

60. $(-5) + (+8) =$

61. $(+3) + (-5) =$

62. $(+7) + (-8) =$

63. $(+4) + (-3) =$

64. $(+8) + (-2) =$

65. (+4) - (-9) =

66. (+8) - (-6) =

67. (+5) -(-3) =

68. (+3) - (-5) =

69. (-7) - (+6) =

70. (-8) - (+9) =

71. (-4) - (+4) =

72. (-6) - (+5) =

73. (-2) - (+7) =

74. (-6) + (+5) =

350 Ejercicios de Números Enteros para Sexto de Primaria

75. (-9) - (+4) =

76. (-4) + (+3) =

77. (+8) + (-5) =

78. (+6) - (-3) =

79. (+3) +(-8) =

80. (+4) - (-2) =

81. (-3) + (-8) =

82. (-2) + (-4) =

83. (-8) + (-6) =

84. (-5) + (-2) =

85. (-5) - (-8) =

86. (-6) - (-6) =

87. (-3) - (-9) =

88. (-6) - (-2) =

89. (-6) + (-5) =

90. (-4) - (-9) =

91. (-5) + (-6) =

92. (-8) - (-8) =

93. (-4) - (-4) =

94. (-6) + (-3) =

350 Ejercicios de Números Enteros para Sexto de Primaria

95. (-5) - (-7) =

96. (-7) + (-4) =

97. (-2) + (+6) =

98. (-9) + (+7) =

99. (-6) + (+9) =

100. (-9) + (+4) =

101. (+4) + (-6) =

102. (+7) + (-9) =

103. (+9) + (-5) =

104. (+3) + (-3) =

105. (+9) - (-6) =

106. (+7) - (-8) =

107. (+3) -(-2) =

108. (+6) - (-9) =

109. (-5) - (+4) =

110. (-3) - (+6) =

111. (-9) - (+7) =

112. (-2) - (+5) =

113. (-5) - (+8) =

114. (-3) + (+6) =

350 Ejercicios de Números Enteros para Sexto de Primaria

115. (-4) - (+8) =

116. (-9) + (+4) =

117. (+5) + (-3) =

118. (+9) - (-4) =

119. (+2) +(-6) =

120. (+3) - (-7) =

121. (-6) + (-5) =

122. (-2) + (-9) =

123. (-7) + (-2) =

124. (-5) + (-2) =

125. (-2) - (-4) =

126. (-6) - (-8) =

127. (-4) - (-7) =

128. (-6) - (-2) =

129. (-5) + (-3) =

130. (-4) - (-7) =

131. (-9) + (-7) =

132. (-8) - (-3) =

133. (-4) - (-5) =

134. (-3) + (-4) =

135. (-5) - (-6) =

136. (-8) + (-3) =

137. (-4) + (+5) =

138. (-9) + (+7) =

139. (-5) + (+2) =

140. (-9) + (+7) =

Proyecto Aristóteles

2 EJERCICIOS CON INCÓGNITAS

Calcula.

141. (-3) + ... = 6

142. (-2) + ... = -9

143. (-8) + ... = 5

144. (-5) + ... = -7

145. (-5) - .... = 7

146. (-6) - .... = -8

147. (-3) - .... = 2

148. (-6) - .... = -4

149. (-6) + ... = -9

150. (-4) - .... = 5

151. (-5) + ... = -7

152. (-8) - .... = 3

153. (-4) - .... = 6

154. (-6) + ... = -5

155. (-5) - .... = 4

350 Ejercicios de Números Enteros para Sexto de Primaria

156. (-7) + ... = -8

157. (-2) + ... = 2

158. (-9) + ... = -5

159. (-6) + ... = 9

160. (-9) + ... = -6

161. (+4) + ... = -5

162. (+7) + ... = 9

163. (+9) + ... = -7

164. (+3) + ... = -10

165. (+9) - .... = 4

166. $(+7) - \text{........} = -7$

167. $(+3) - \text{........} = 3$

168. $(+6) - \text{........} = -5$

169. $(-5) - \text{........} = -6$

170. $(-3) - \text{........} = 7$

171. $(-9) - \text{........} = -8$

172. $(-2) - \text{........} = 5$

173. $(-5) - \text{........} = 3$

174. $(-3) + \text{........} = -6$

175. $(-4) - \text{........} = 8$

176. (-9) + ... = -5

177. (+5) + ... = -10

178. (+9) - .... = -8

179. (+2) + ... = -7

180. (+3) - .... = -3

181. (-4) + ... = 4

182. (-6) + ... = -7

183. (-7) + ... = 3

184. (-6) + ... = -5

185. (-6) - .... = 5

186. $(-7) - \ldots\ldots = -6$

187. $(-4) - \ldots\ldots = 9$

188. $(-9) - \ldots\ldots = -2$

189. $(-7) + \ldots\ldots = -7$

190. $(-5) - \ldots\ldots = 3$

191. $(-6) + \ldots\ldots = -5$

192. $(-9) - \ldots\ldots = 1$

193. $(-5) - \ldots\ldots = 4$

194. $(-7) + \ldots\ldots = -3$

195. $(-6) - \ldots\ldots = 2$

196. (-8) + ... = -6

197. (-3) + ... = 8

198. (-8) + ... = -3

199. (-7) + ... = 7

200. (-2) + ... = -9

201. (+5) + ... = -3

202. (+8) + ... = 5

203. (+3) + ... = -6

204. (+4) + ... = -8

205. (+5) - .... = 6

206. (+8) - .... = -5

207. (+9) - .... = 4

208. (+3) - .... = -3

209. (-6) - .... = -3

210. (-8) - .... = 5

211. (-4) - .... = -6

212. (-3) - .... = 7

213. (-4) - .... = 2

214. (-2) + ... = -4

215. (-5) - .... = 9

216. (-8) + ... = -3

217. (+9) + ... = -7

218. (+5) - .... = -4

219. (+3) + ... = -5

220. (+8) - .... = -6

221. .... + (-5) = 4

222. .... + (-3) = -7

223. .... + (-2) = 9

224. .... + (-8) = -3

225. .... - (-4) = 3

226. ....- (- 9) = -5

227. ....- (-7) = 9

228. ....- (- 3) = -7

229. ....+ (- 3) = -6

230. ....- (-2) = 4

231. ....+ (- 7) = -5

232. ....- (- 9) = 7

233. ....- (-6) = 9

234. ....+ (- 4) = -4

235. ....- (- 9) = 8

236. ....+ (- 3) = -5

237. ....+ (+5) = 3

238. ....+ (+3) = -7

239. ....+ (+ 2) = 8

240. ....+ (+ 8) = -3

241. ....+ (-5) = -4

242. ....+ (- 8) = 6

243. ....+ (- 3) = -9

244. ....+ (-2) = -3

245. ....- (- 5) = 5

246. .... $- (-8) = -6$

247. .... $- (-4) = 7$

248. .... $- (-2) = -8$

249. .... $- (+6) = -4$

250. .... $- (+9) = 2$

251. .... $- (+4) = -8$

252. .... $- (+5) = 4$

253. .... $- (+7) = 7$

254. .... $+ (+5) = -8$

255. .... $- (+4) = 3$

256. ....+ (+ 3) = -4

257. ....+ (-5) = -6

258. ....- (- 3) = -4

259. ....+(- 8) = -9

260. ....- (- 2) = -5

261. ....+ (-6) = 6

262. ....+ (-8) = -3

263. ....+ (-3) = 9

264. ....+ (-5) = -8

265. ....- (-5) = 7

266. .... - (- 3) = -4

267. ....- (-8) = 6

268. ....- (- 4) = -2

269. ....+ (- 5) = -5

270. ....- (-7) = 9

271. ....+ (- 4) = -4

272. ....- (- 2) = 6

273. ....- (-7) = 5

274. ....+ (- 3) = -4

275. ....- (- 2) = 8

276. ....+ (- 7) = -9

277. ....+ (+2) = 3

278. ....+ (+5) = -7

279. ....+ (+ 7) = 8

280. ....+ (+ 4) = -3

3 SUMAS Y RESTAS SERIALES

281.

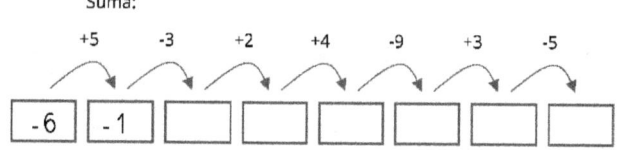

282.

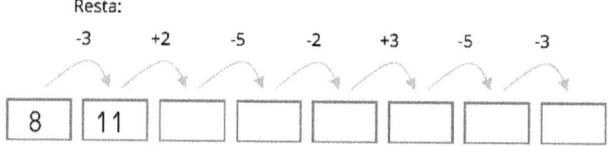

350 Ejercicios de Números Enteros para Sexto de Primaria

283.

Resta:

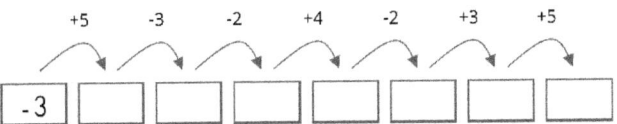

284.

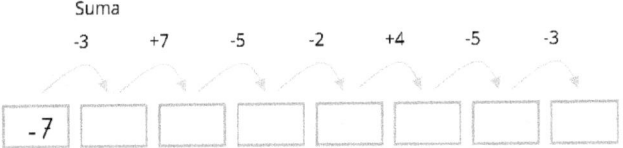

285.

Suma:

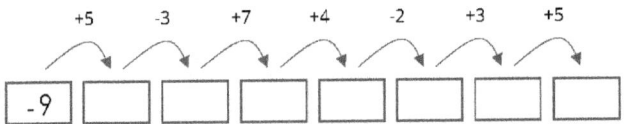

286.

Resta:

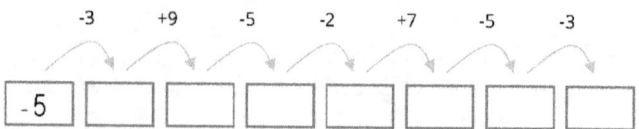

287.

Resta:

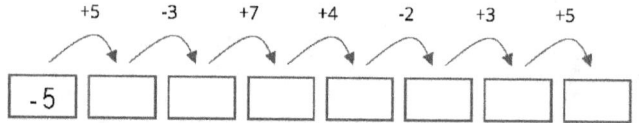

288.

Suma:

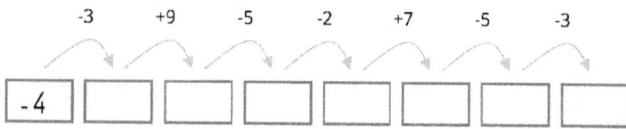

289.

Suma:

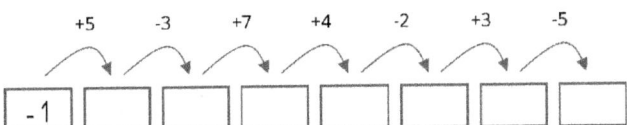

290.

Resta:

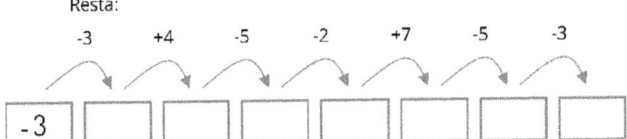

291.

Suma:

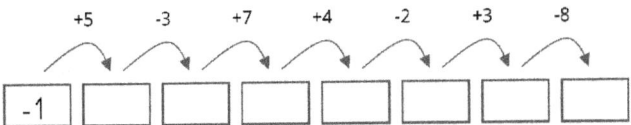

292.

Suma:

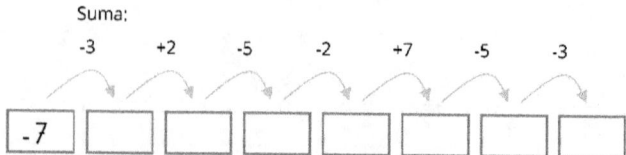

293.

Resta:

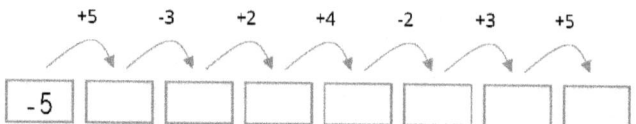

294.

Suma:

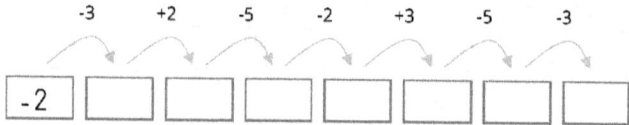

295.

Suma:

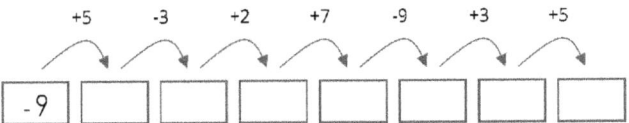

296.

Resta:

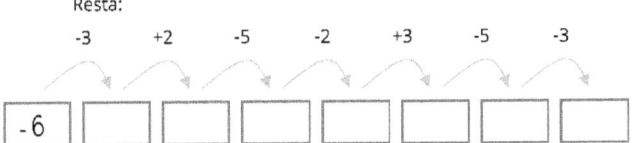

297.

Suma:

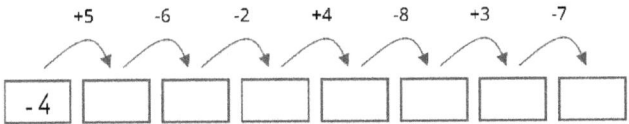

298.

Resta:

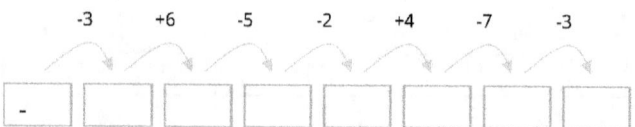

299.

Suma:

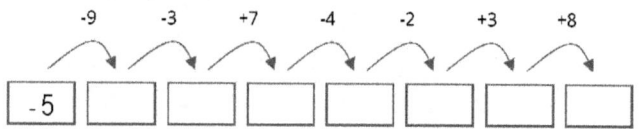

300.

Resta:

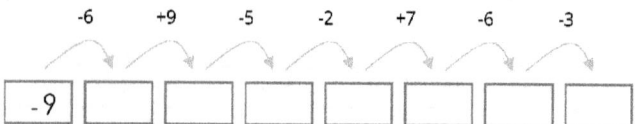

350 Ejercicios de Números Enteros para Sexto de Primaria

301.

Resta:

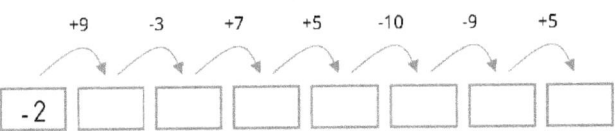

302.

Suma:

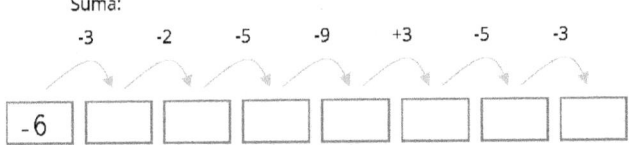

303.

Suma:

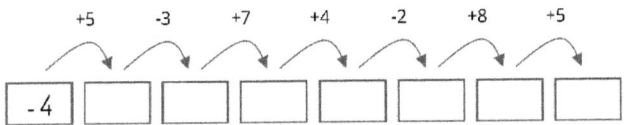

304.

Resta:

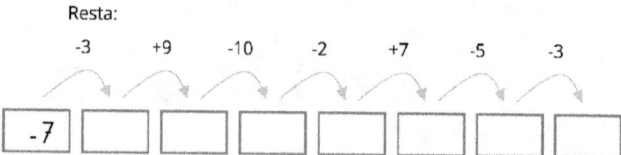

305.

Suma:

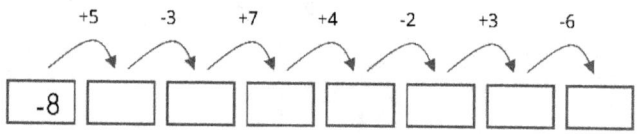

306.

Resta:

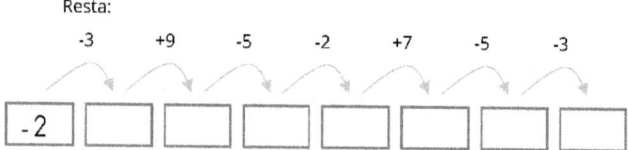

307.

Resta:

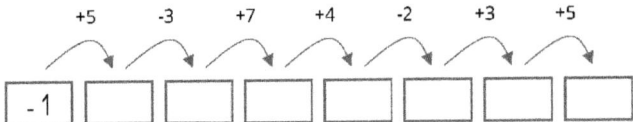

308.

Suma:

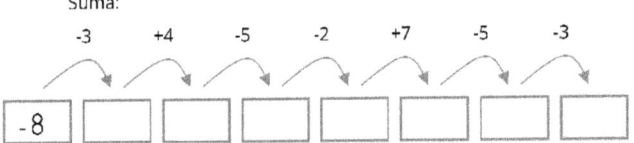

309.

Suma:

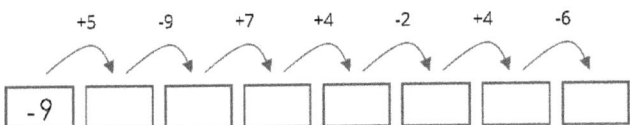

310.

Resta:

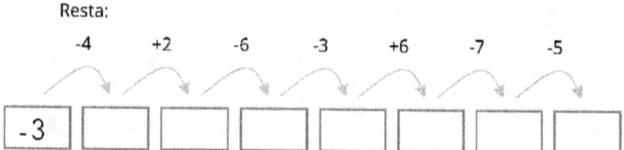

311.

Resta:

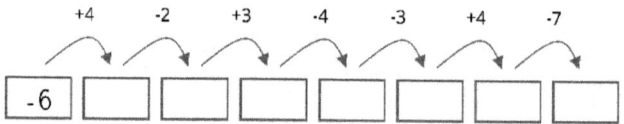

312.

Suma:

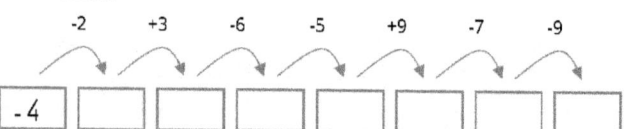

4 REPRESENTACIONES EN EL PLANO

A continuación vas a encontrar una serie de ejercicios gracias a los cuales podrás practicar la representación en el plano de coordenadas de los números enteros.

Representa en el plano los siguientes puntos.

A: -8, 3
B: 3, -2
C: -3, -4
D: -2, 7

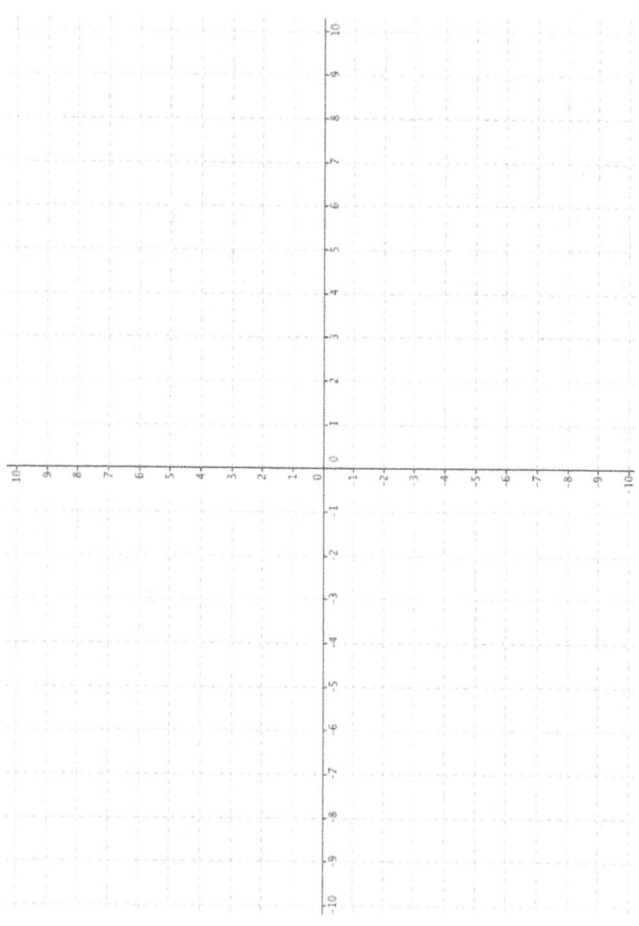

Representa en el plano los siguientes puntos.

A: 6, -8
B: 4, -3
C: -5, -9
D: -4,5

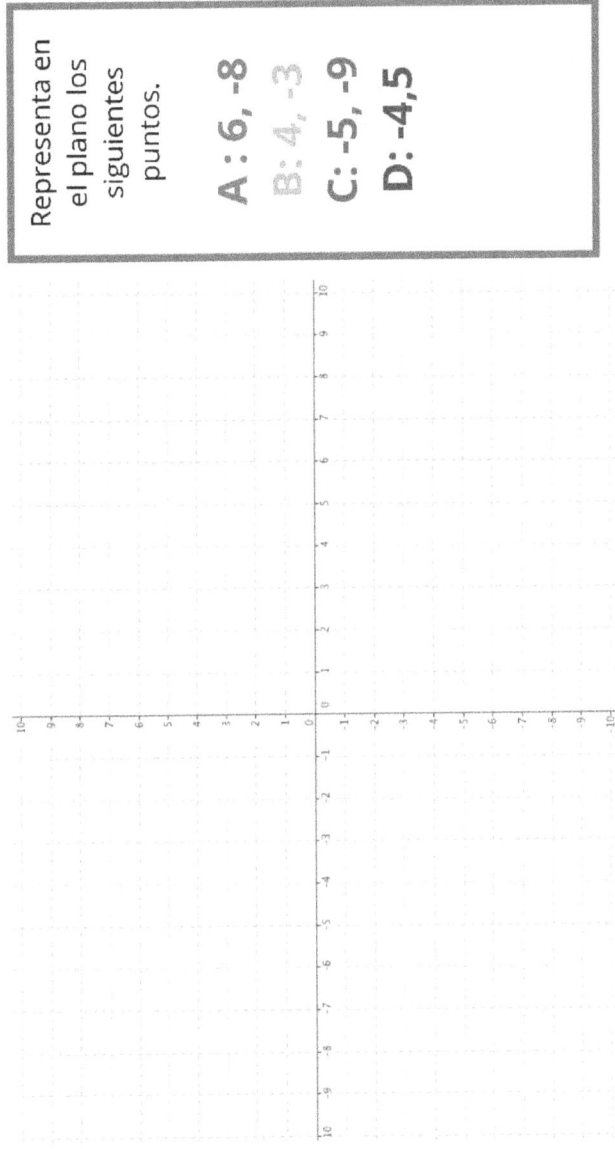

Representa en el plano los siguientes puntos.

A : 2, -5
B: 7, -4
C: -3, -8
D: -1, 6

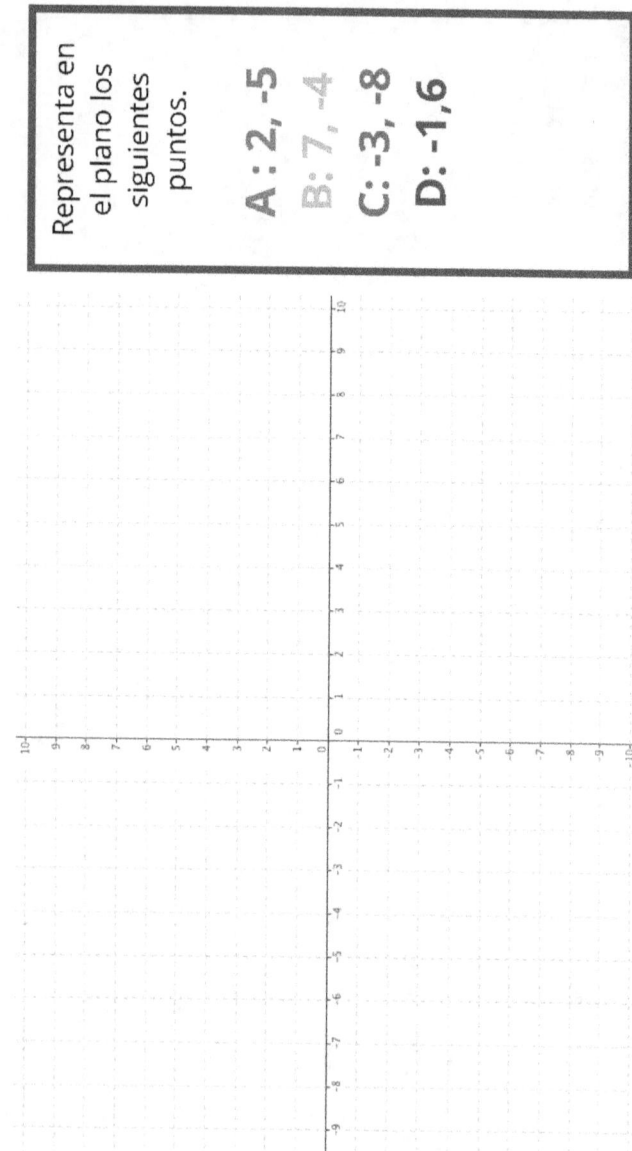

Representa en el plano los siguientes puntos.

A: -9, -8
B: 3, -4
C: -2, 6
D: -3, -5

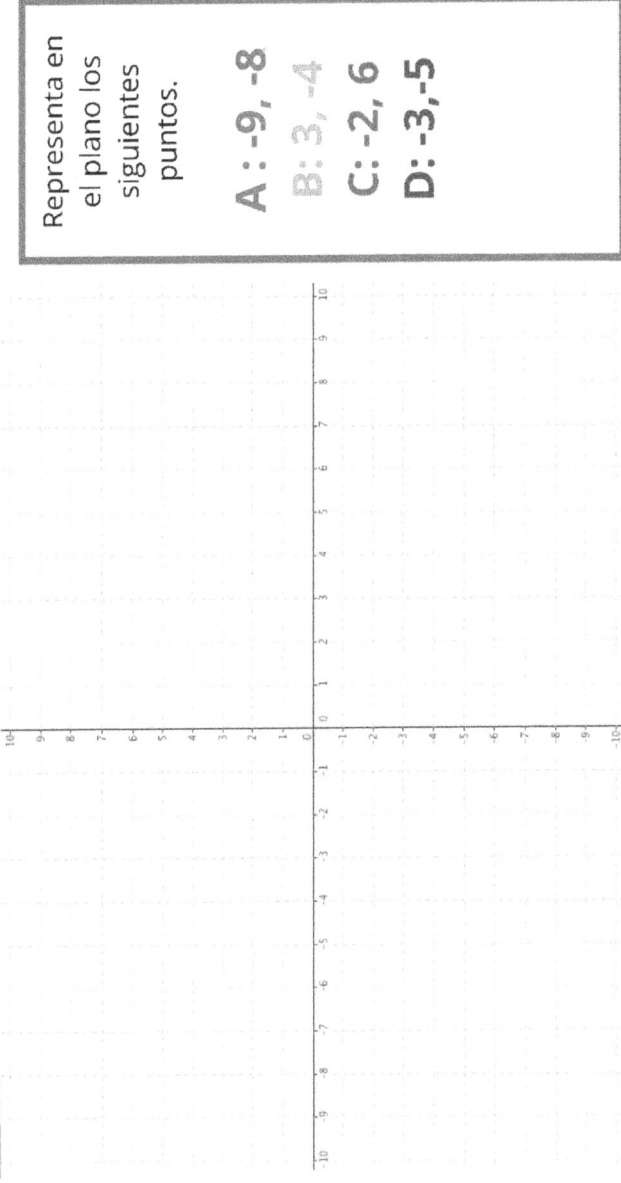

Representa en el plano los siguientes puntos.

A: 4, -8
B: 7, -3
C: -6, -9
D: -4, 3

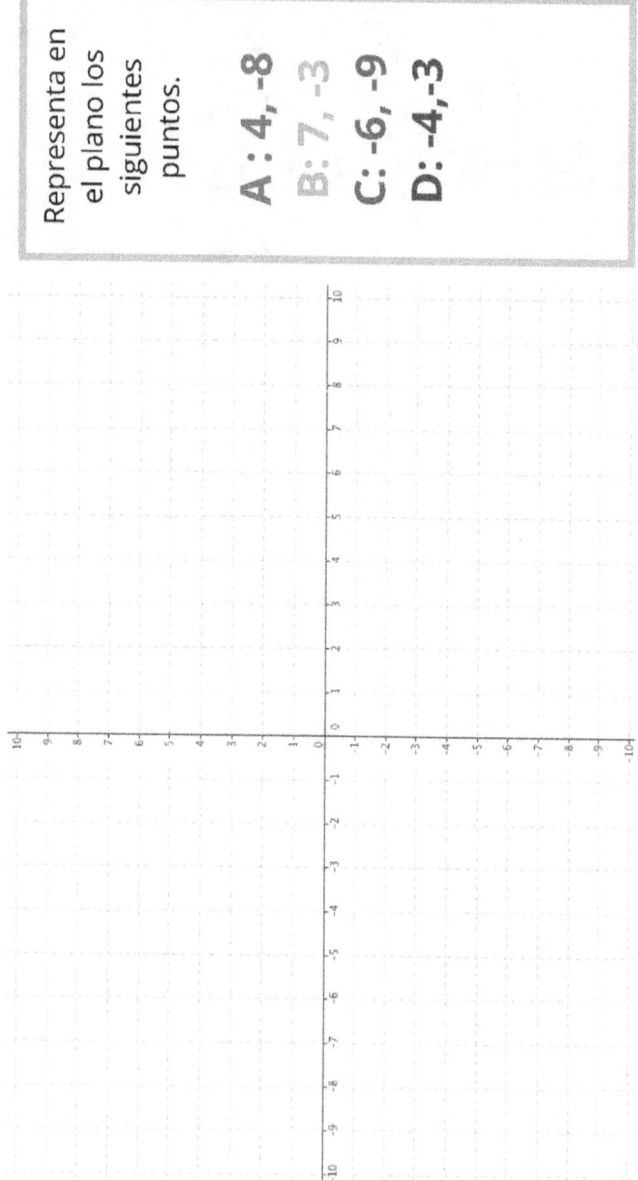

Representa en el plano los siguientes puntos.

A: -2, -7
B: -5, -3
C: -5, -10
D: -4, 9

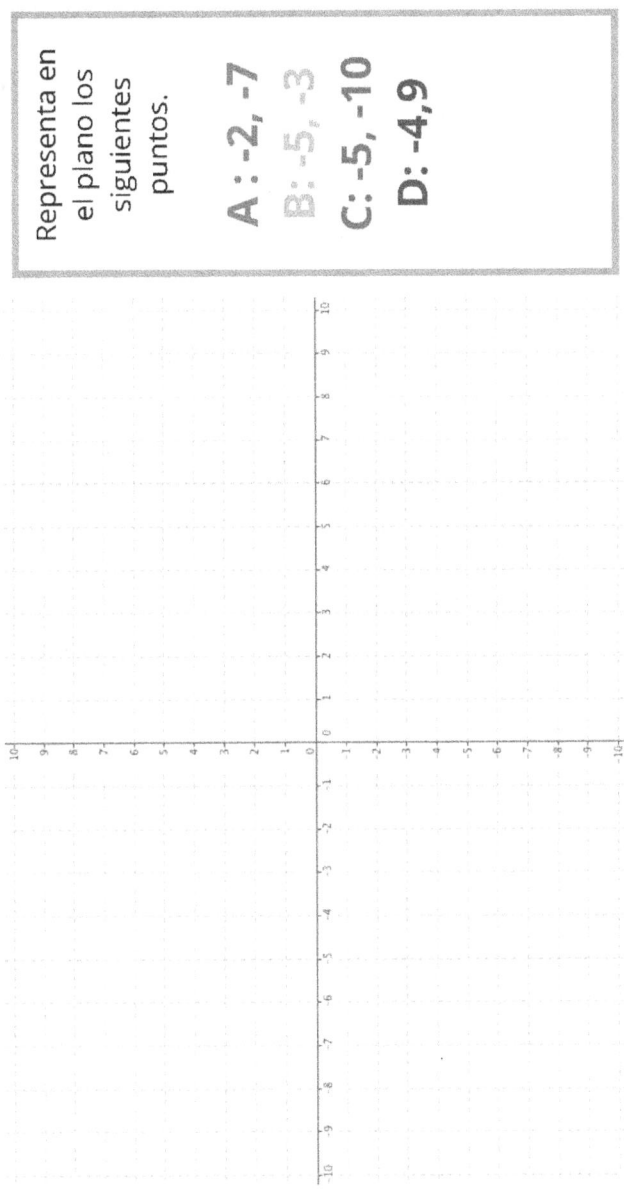

Representa en el plano los siguientes puntos.

A: -4, -5
B: 2, -9
C: -1, -7
D: 2, -8

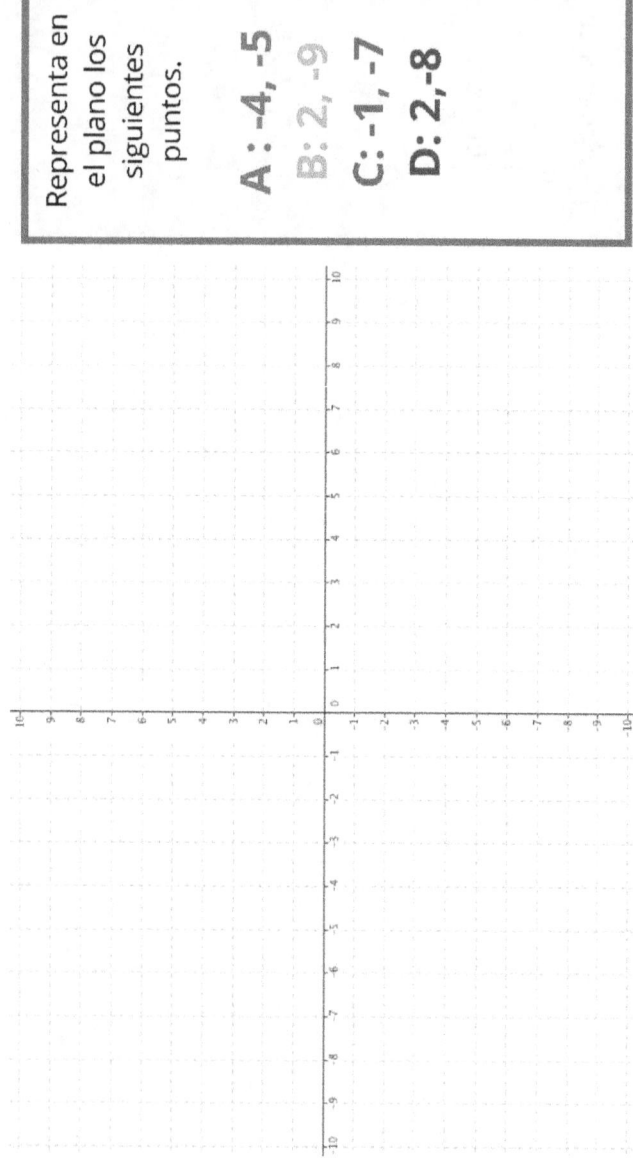

Representa en el plano los siguientes puntos.

A: -3, -5
B: 6, -1
C: -2, -9
D: -5, 5

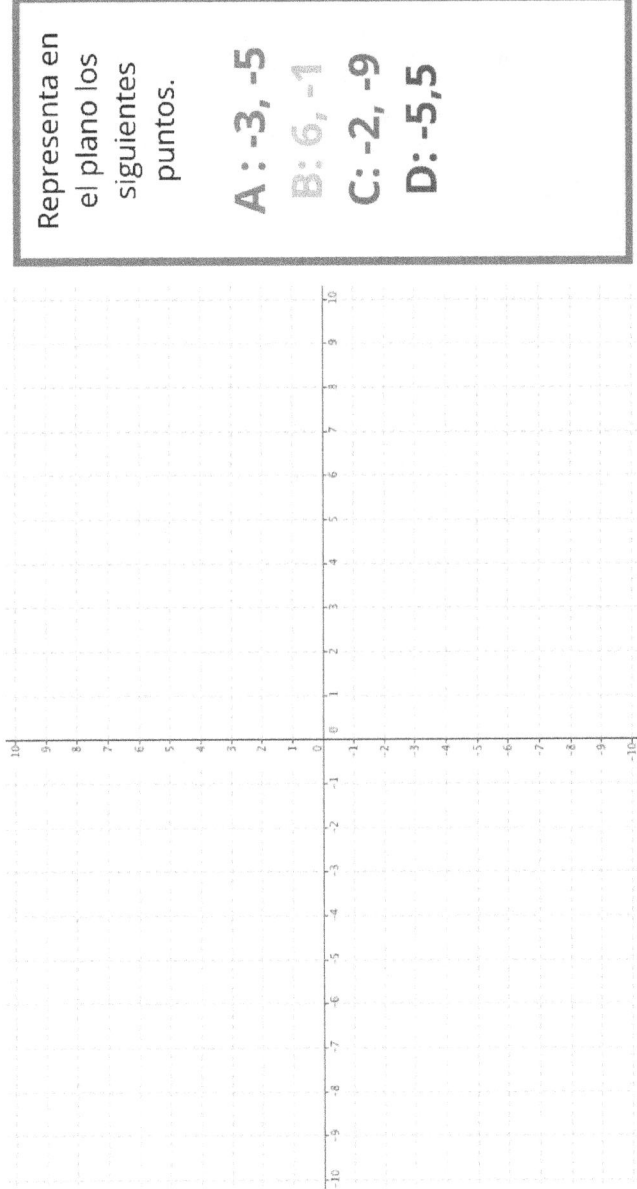

Representa en el plano los siguientes puntos.

A: 7, -9
B: 5, -4
C: -6, -10
D: -3, 8

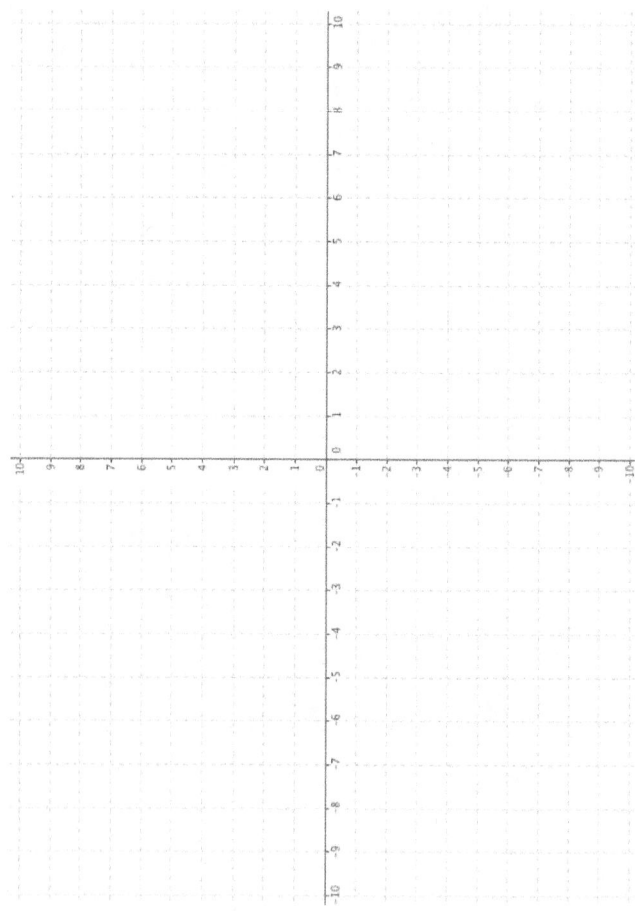

Representa en el plano los siguientes puntos.

A: 3, -5
B: -2, -3
C: -7, -1
D: -4, 5

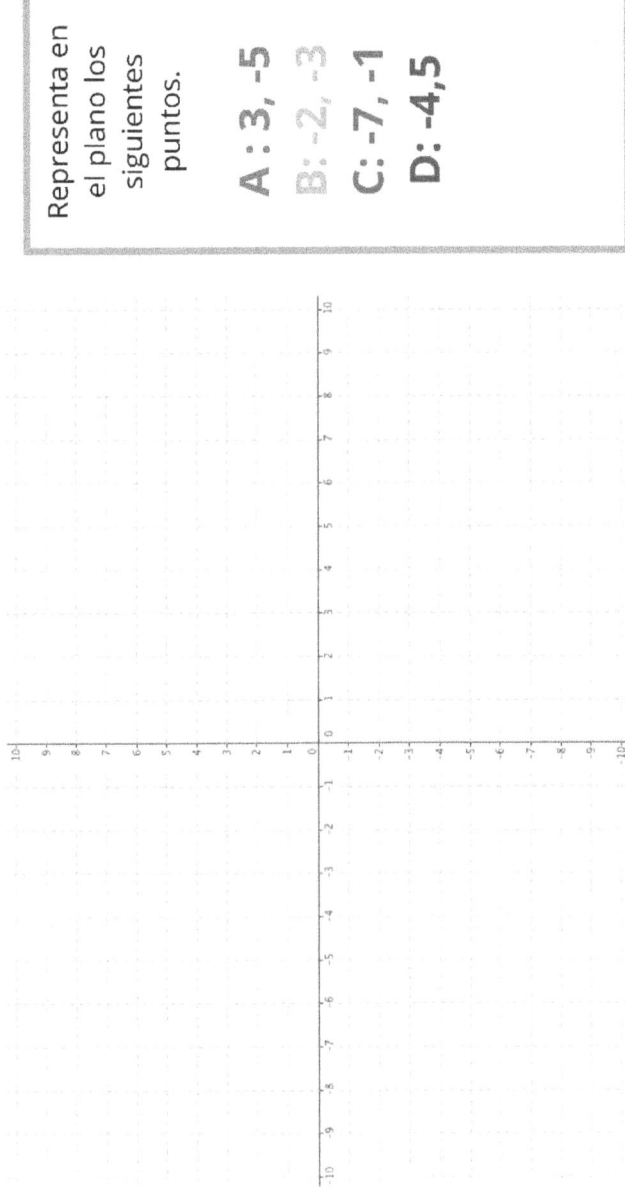

Representa en el plano los siguientes puntos.

A: -8, -7
B: 4, -3
C: -3, -9
D: -2,-5

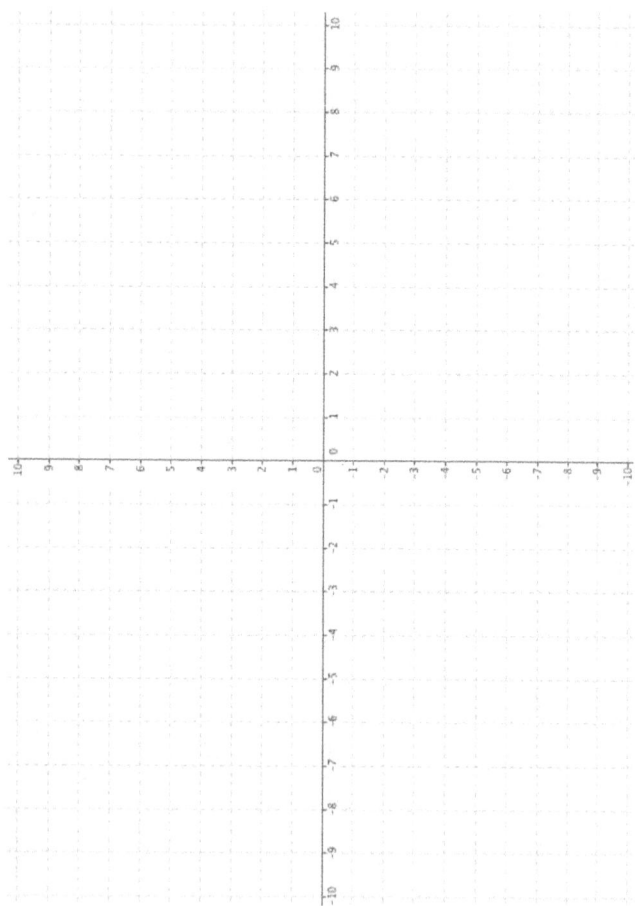

Representa en el plano los siguientes puntos.

A: 7, -3
B: 10, -3
C: -5, -1
D: -9, 5

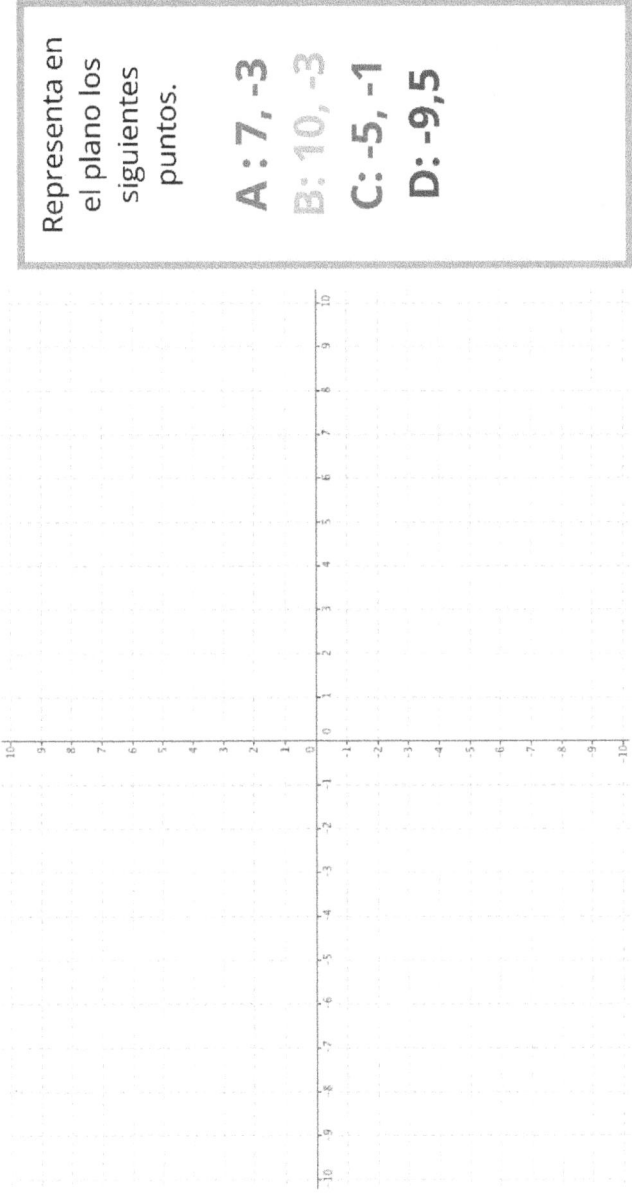

Anota las coordenadas indicadas en el plano.

A:
B:
C:
D:

Anota las coordenadas indicadas en el plano.

A:
B:
C:
D:

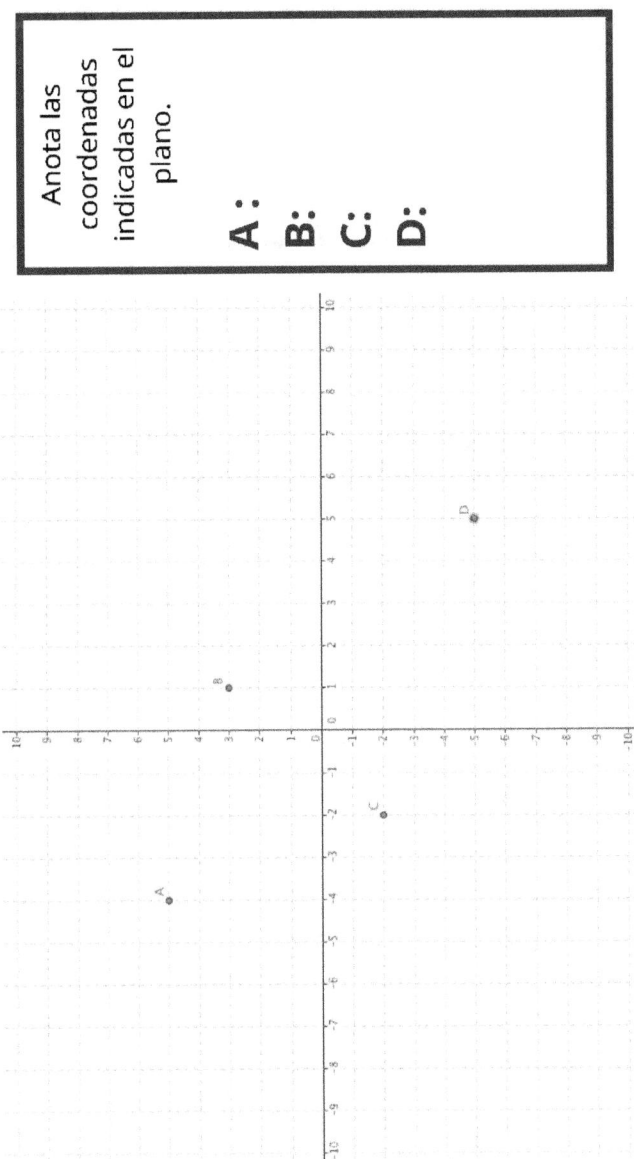

Anota las coordenadas indicadas en el plano.

A:
B:
C:
D:

Anota las coordenadas indicadas en el plano.

A:
B:
C:
D:

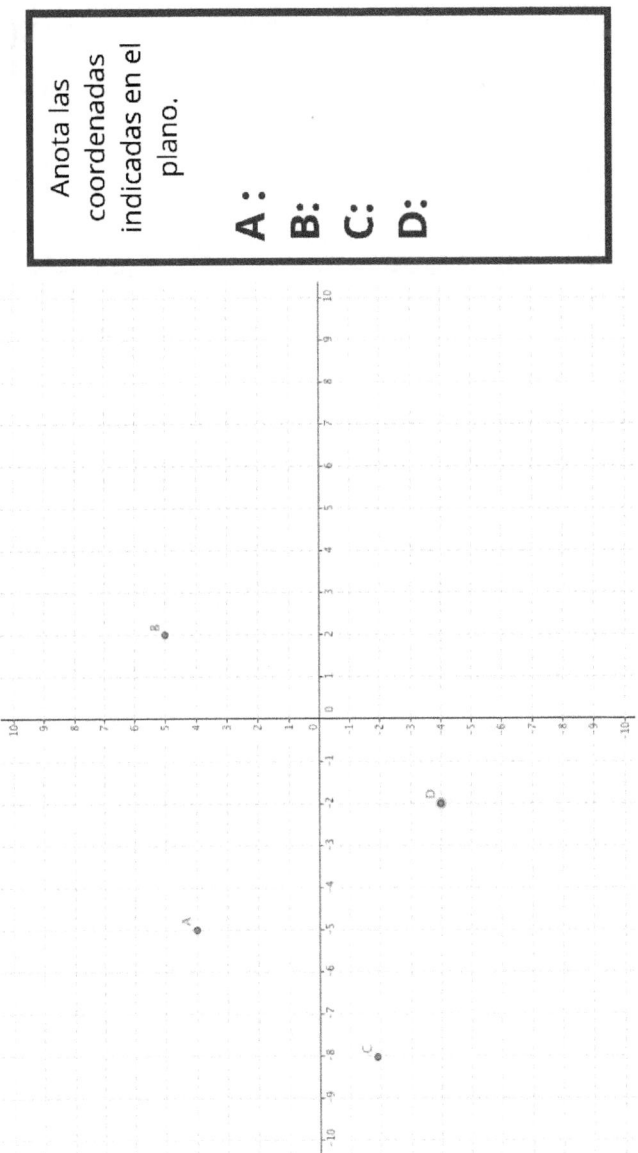

Anota las coordenadas indicadas en el plano.

A:
B:
C:
D:

Anota las coordenadas indicadas en el plano.

A:
B:
C:
D:

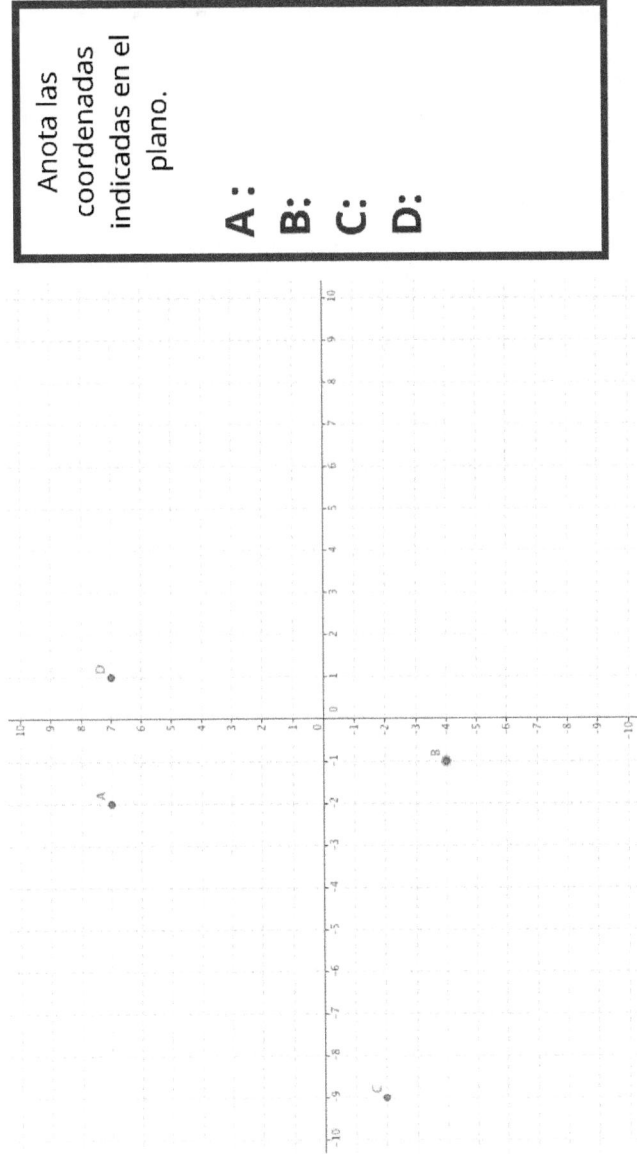

Anota las coordenadas indicadas en el plano.

A:
B:
C:
D:

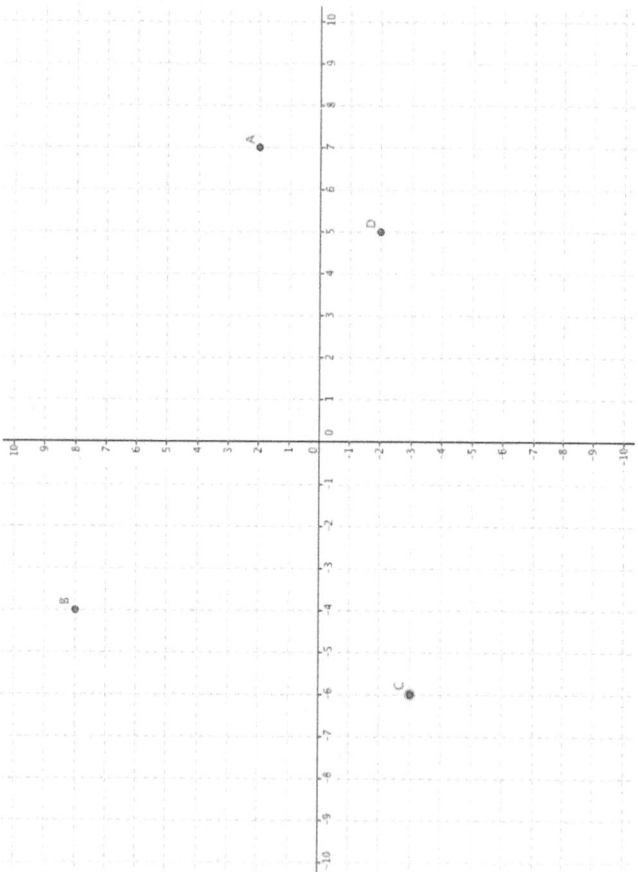

350 Ejercicios de Números Enteros para Sexto de Primaria

Anota las coordenadas indicadas en el plano.

A:
B:
C:
D:

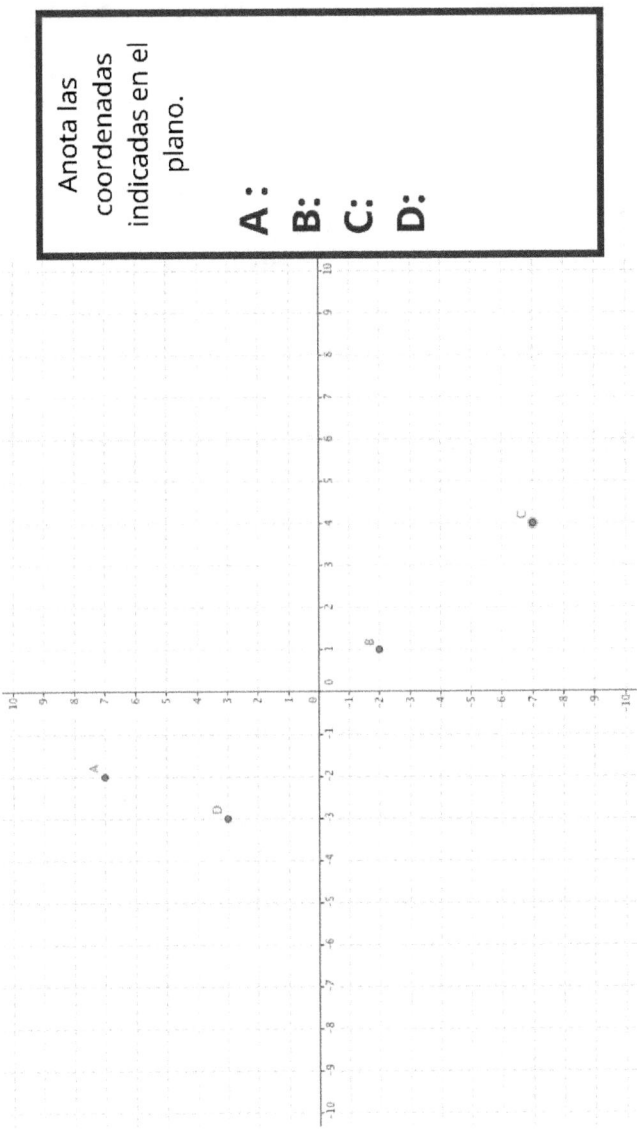

Anota las coordenadas indicadas en el plano.

A:
B:
C:
D:

Anota las coordenadas indicadas en el plano.

A:
B:
C:
D:

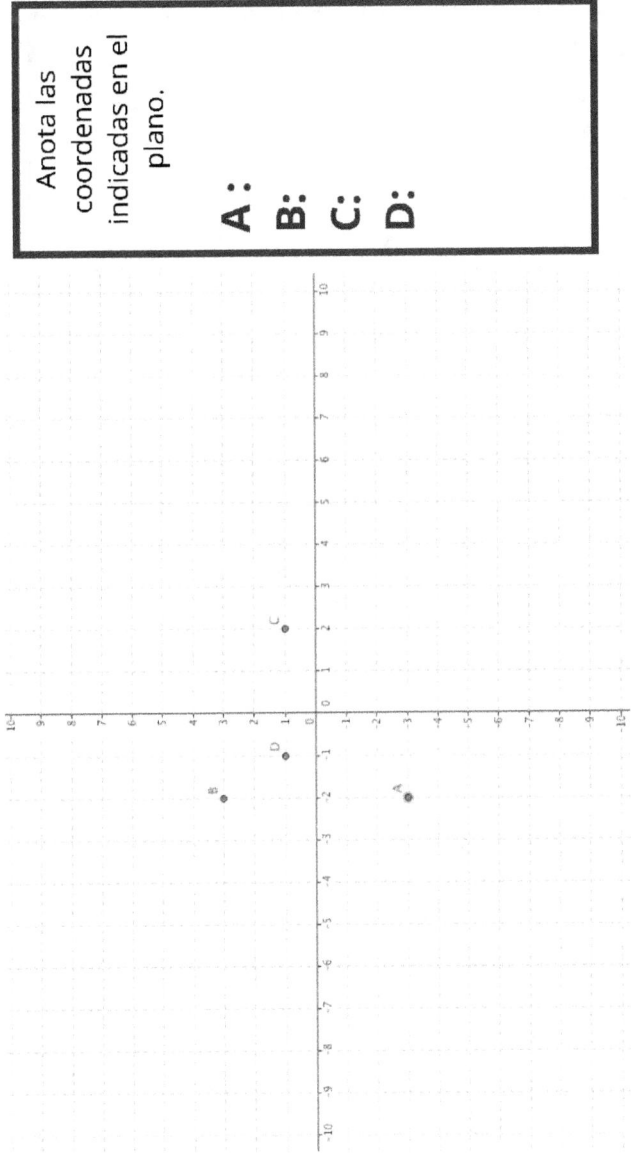

Anota las coordenadas indicadas en el plano.

A:
B:
C:
D:

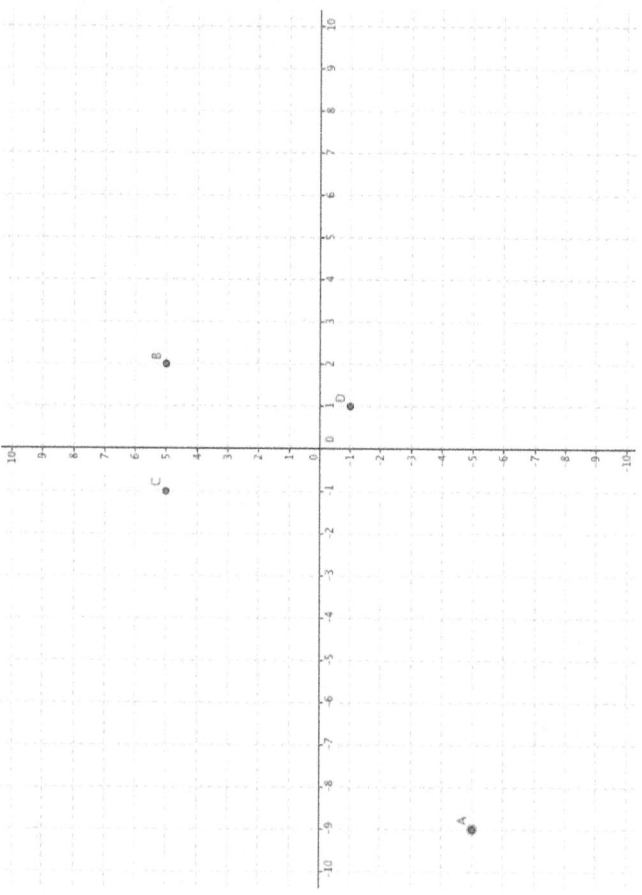

350 Ejercicios de Números Enteros para Sexto de Primaria

-2 en el eje y
+ 5 eje x
+ 4 eje y
- 4 eje x

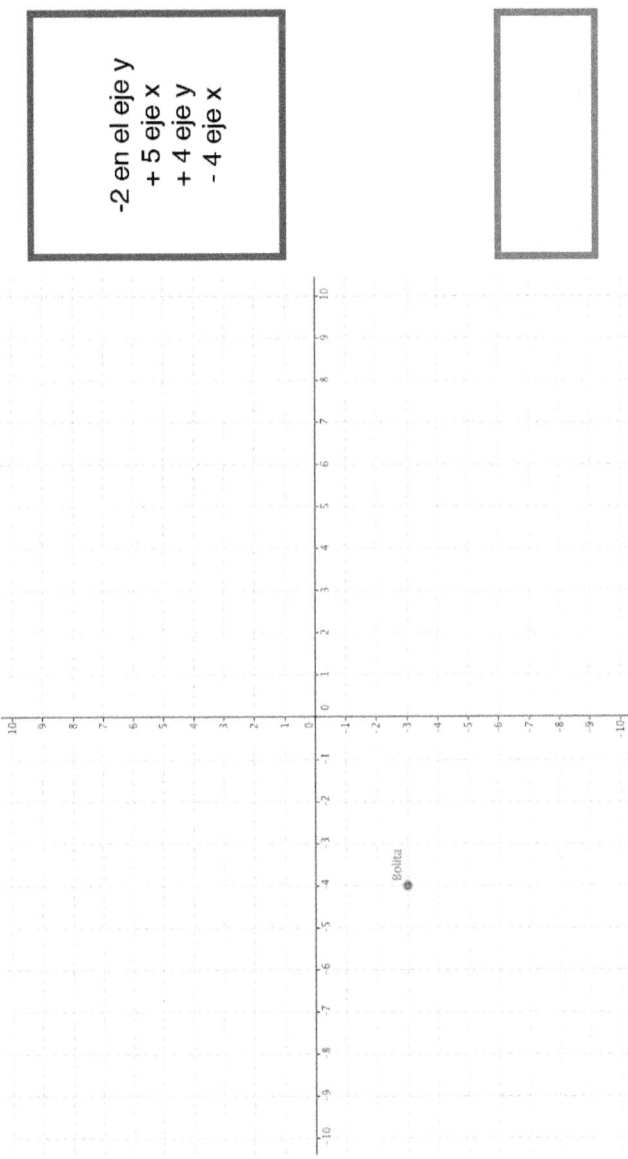

Proyecto Aristóteles

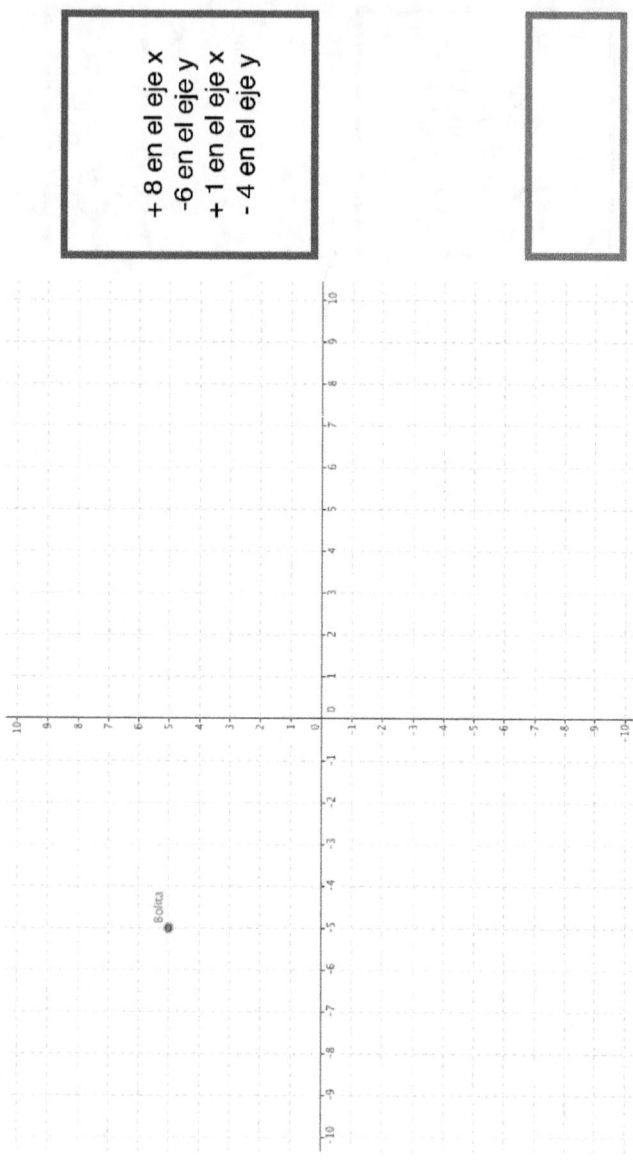

+ 8 en el eje x
- 6 en el eje y
+ 1 en el eje x
- 4 en el eje y

350 Ejercicios de Números Enteros para Sexto de Primaria

- 12 en el eje y
+ 5 en el eje x
- 13 en el eje x
+ 9 en el eje y

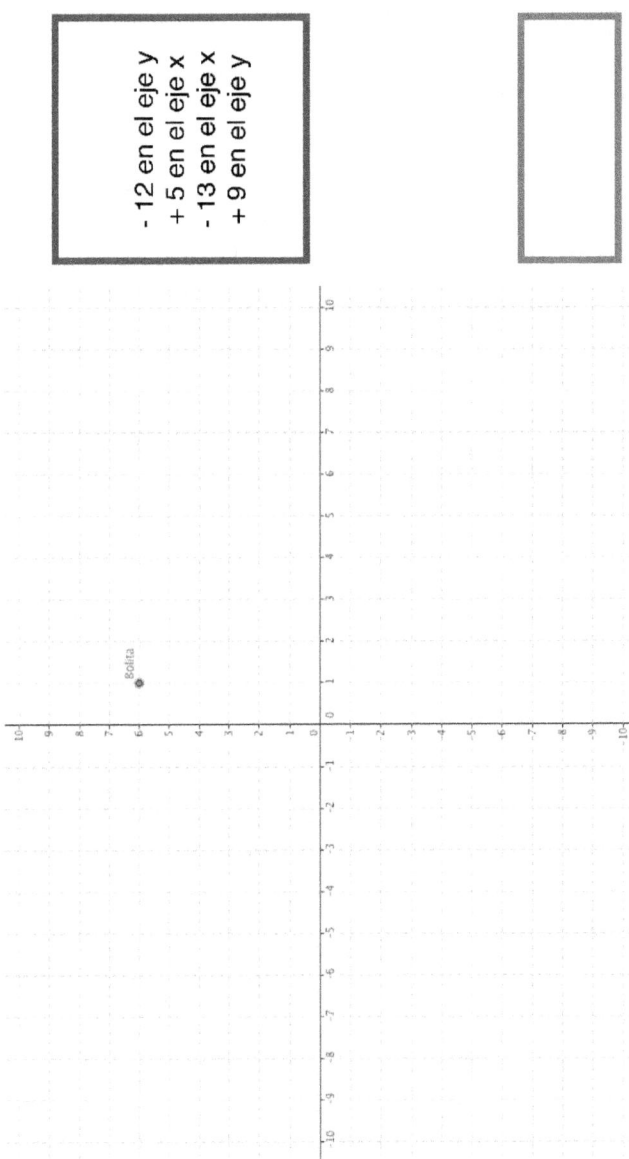

Proyecto Aristóteles

+4 en el eje x
-3 en el eje y
-12 en el eje x
+7 en el eje y

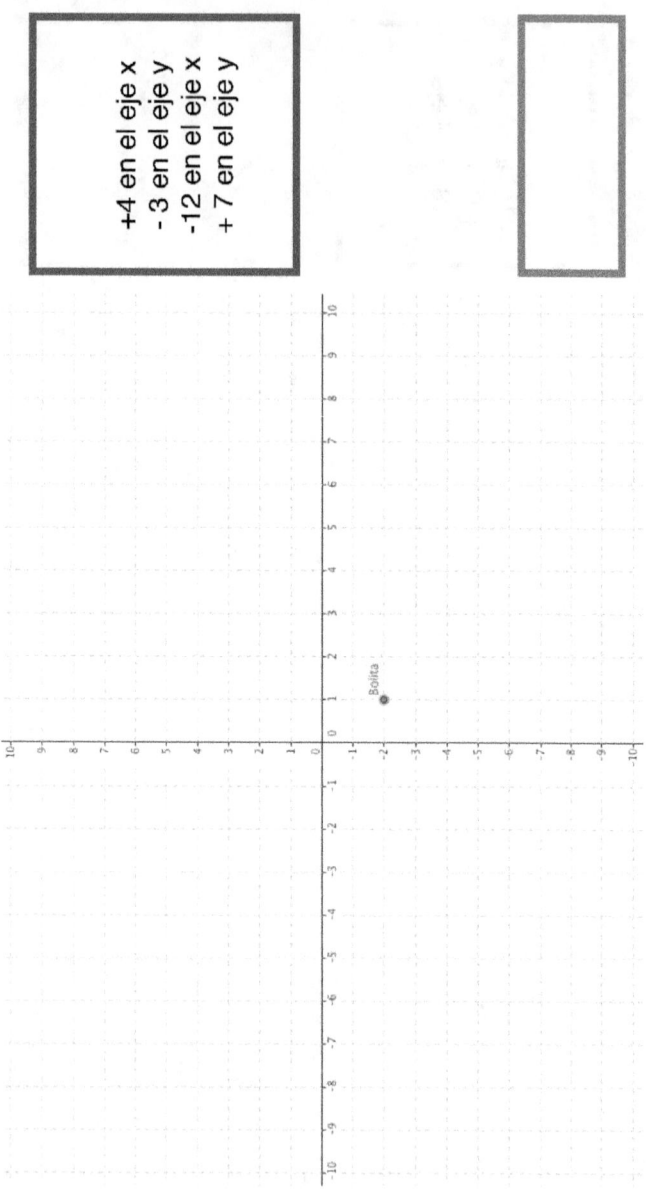

350 Ejercicios de Números Enteros para Sexto de Primaria

+ 14 en ele eje x
+ 11 en el eje y
-4 en el eje x
+ 2 en el eje y

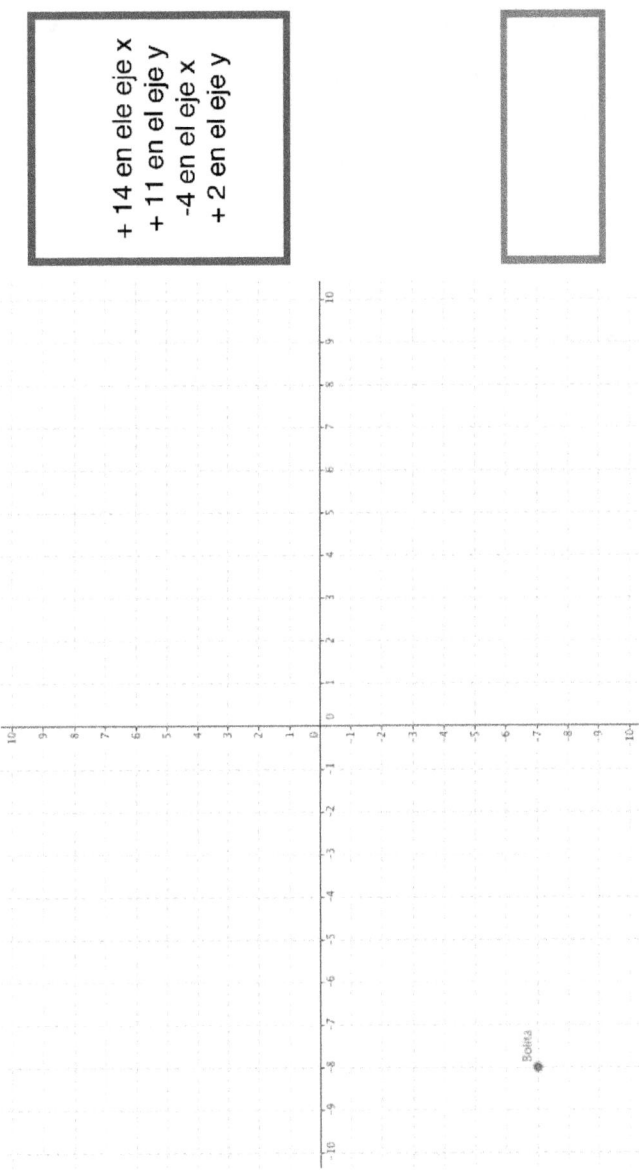

Proyecto Aristóteles

- 9 en el eje x
+ 5 en el eje y
- 8 en el eje y
+ 15 en el eje x

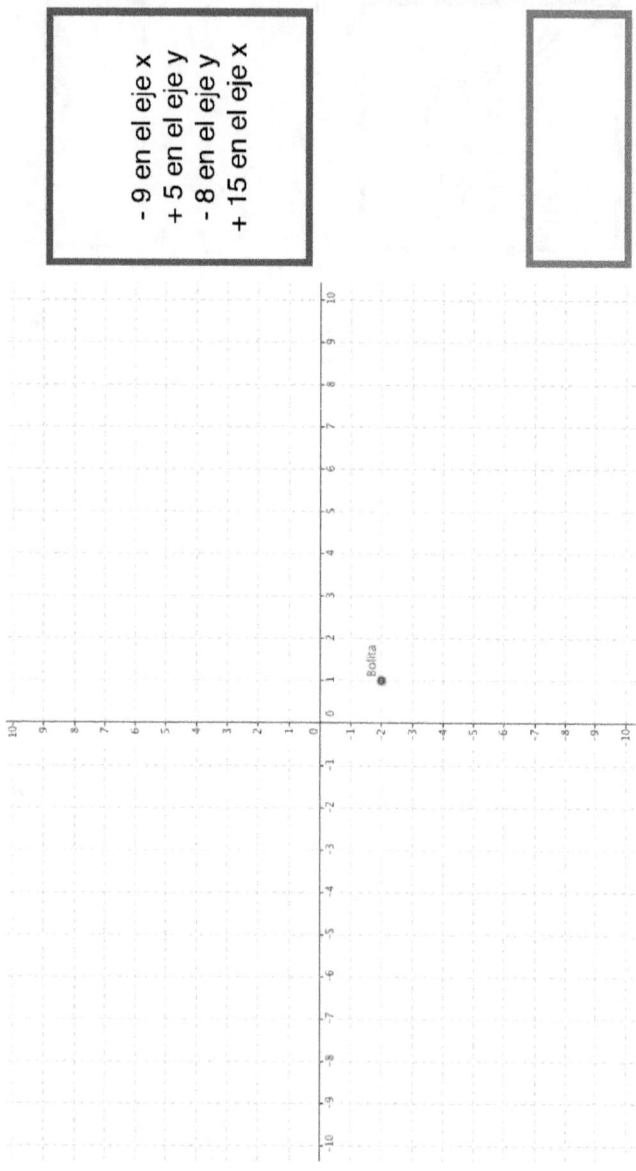

350 Ejercicios de Números Enteros para Sexto de Primaria

+ 16 en el eje x
- 12 en el eje y
+ 2 en el eje x
+ 5 en el eje y

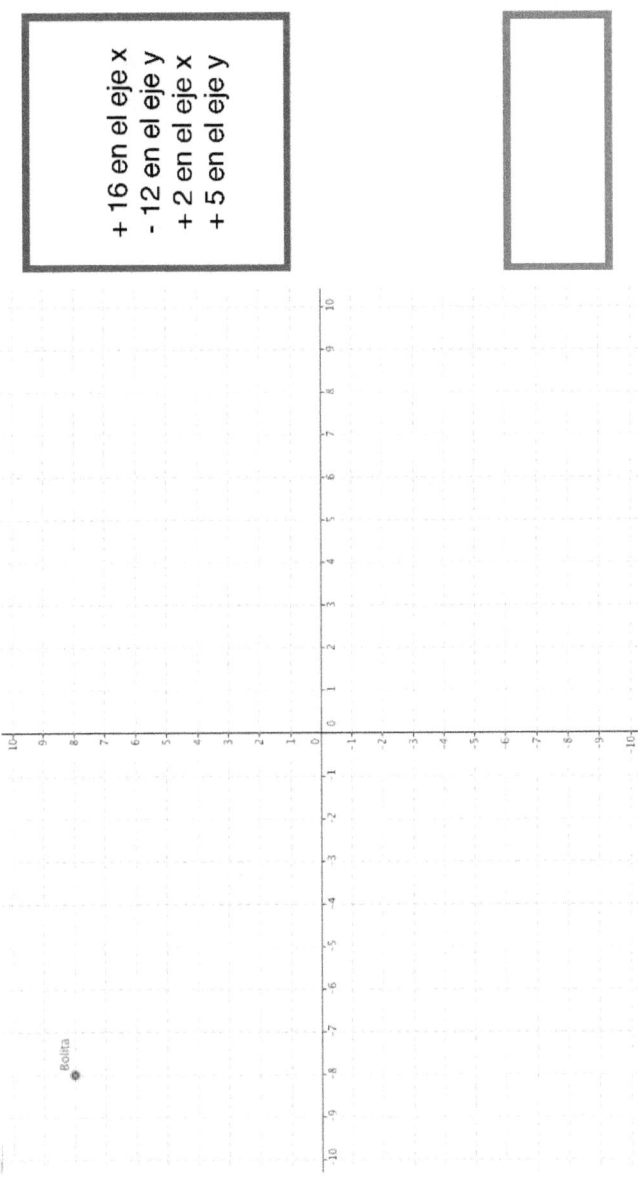

Proyecto Aristóteles

- + 9 en el eje y
- − 4 en el eje x
- − 14 en el eje y
- + 14 en el eje x

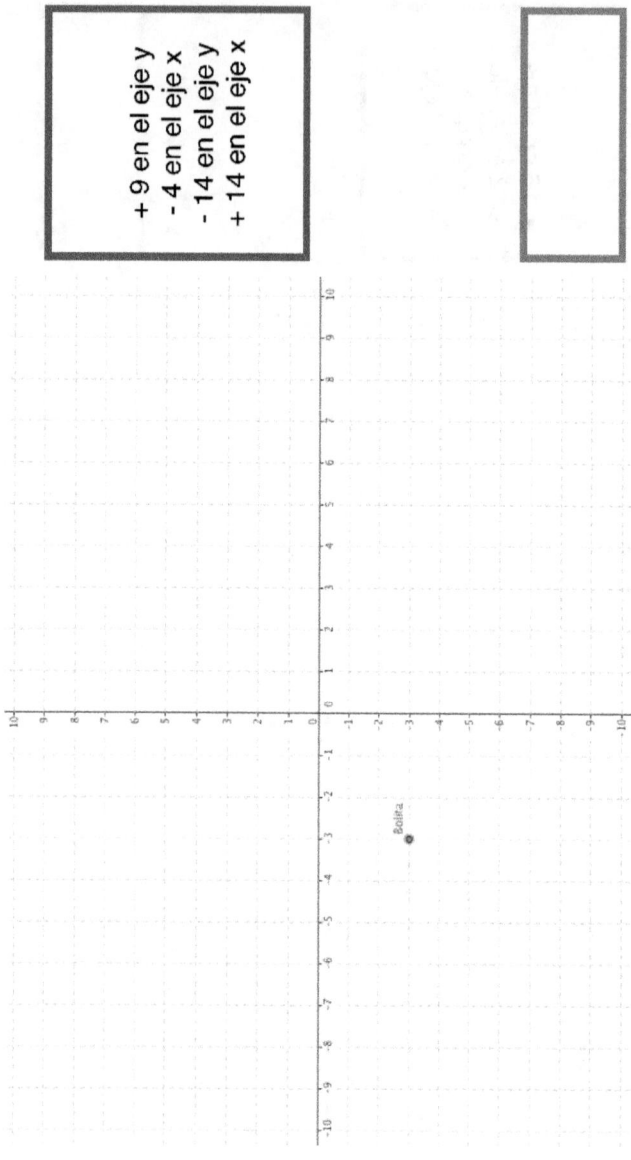

350 Ejercicios de Números Enteros para Sexto de Primaria

- − 7 en el eje x
- + 10 en el eje y
- + 11 en el eje x
- + 5 en el eje y

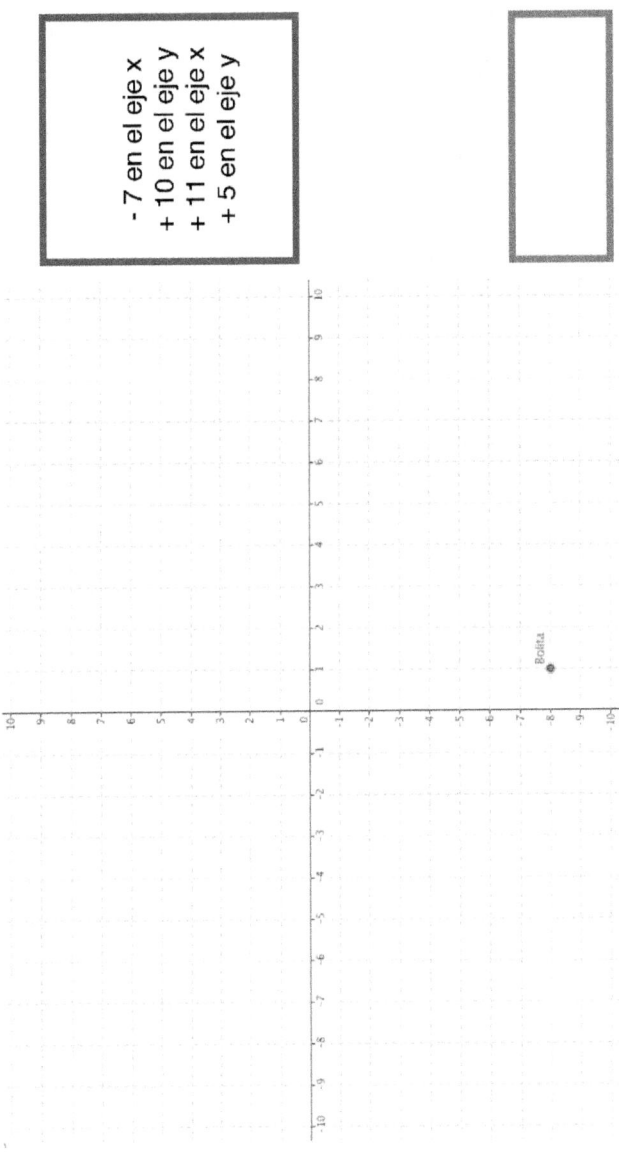

Proyecto Aristóteles

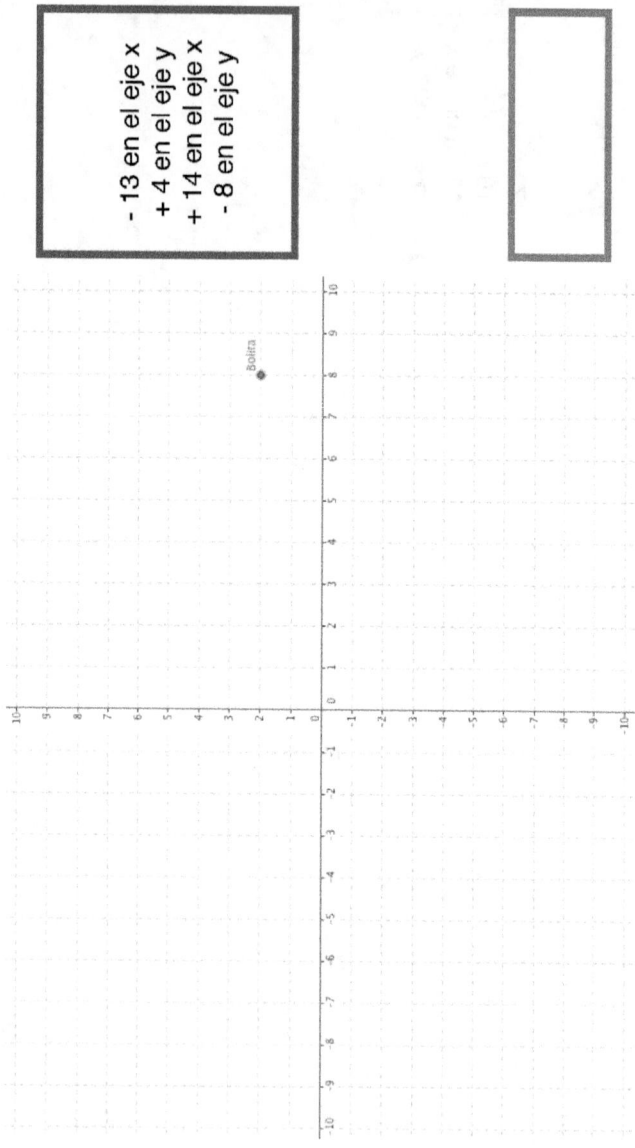

- 13 en el eje x
+ 4 en el eje y
+ 14 en el eje x
- 8 en el eje y

350 Ejercicios de Números Enteros para Sexto de Primaria

+ 6 en el eje x
+ 7 en el eje y
- 10 en el eje x
- 5 en el eje y

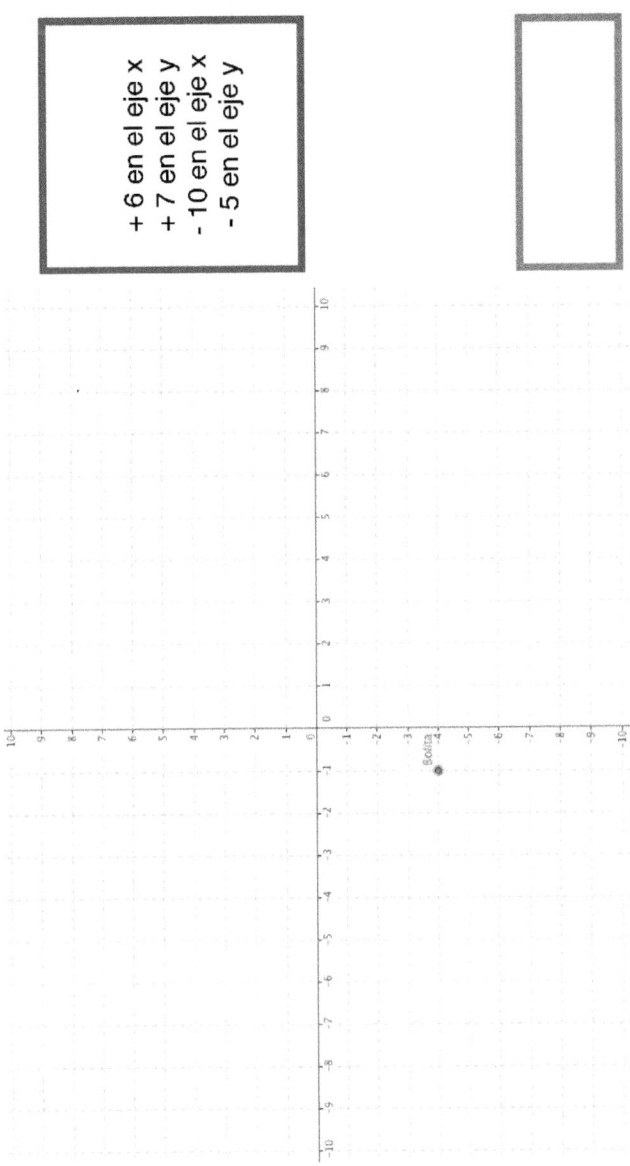

Representa en el plano los siguientes puntos.

A: 2, -2
B: -1, -4
C: -9, -3
D: -1, 6

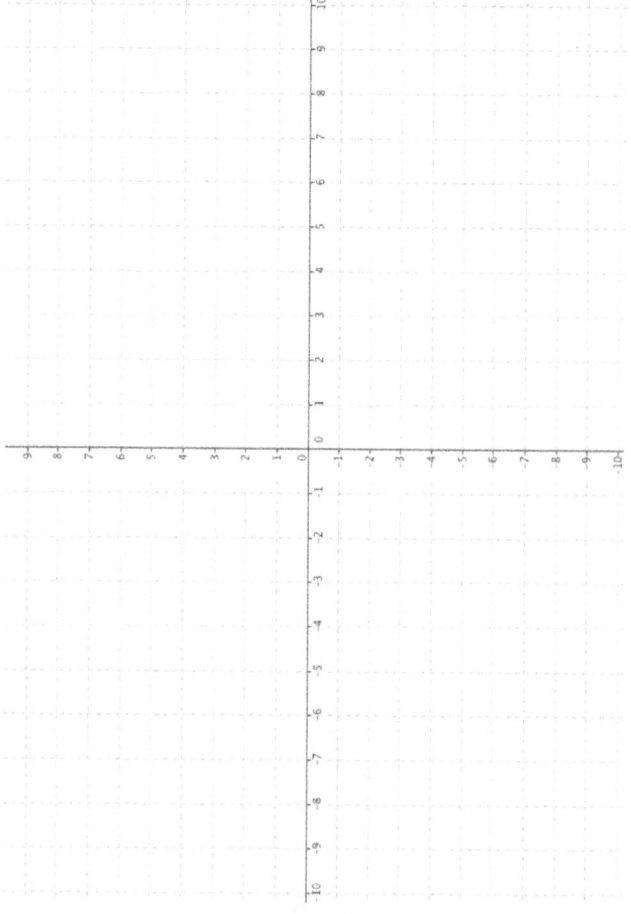

Representa en el plano los siguientes puntos.

A: 2, -7
B: 1, -4
C: -9, -3
D: -1, 5

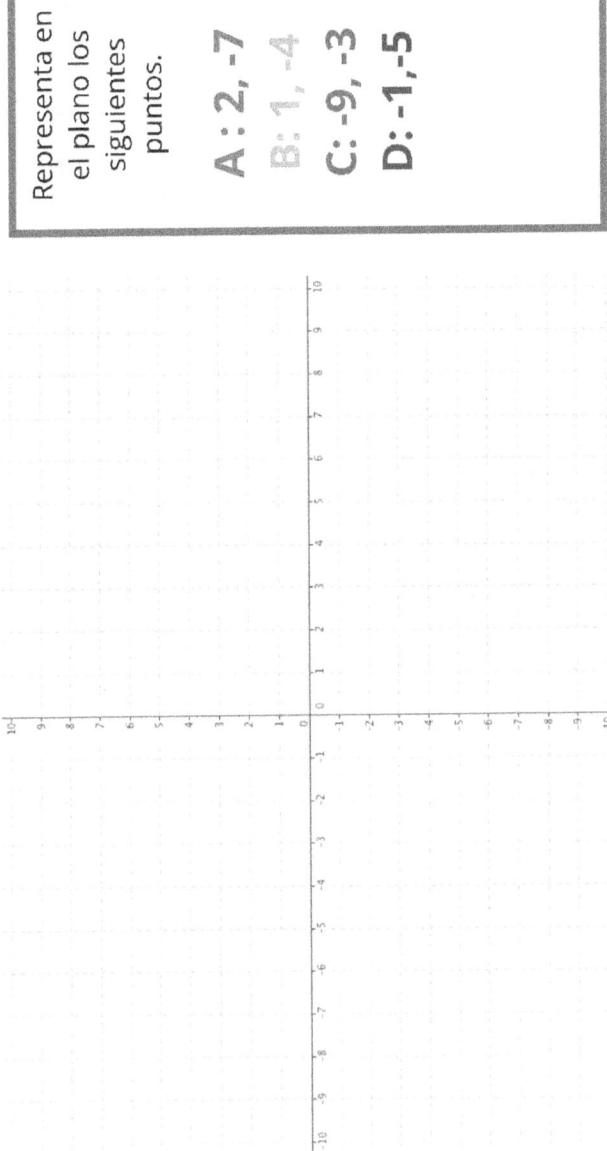

Representa en el plano los siguientes puntos.

A: 2, -4
B: 1, -7
C: -2, -6
D: -2, 4

Representa en el plano los siguientes puntos.

A: 3, -5
B: 1, -6
C: -1, -2
D: -2, 7

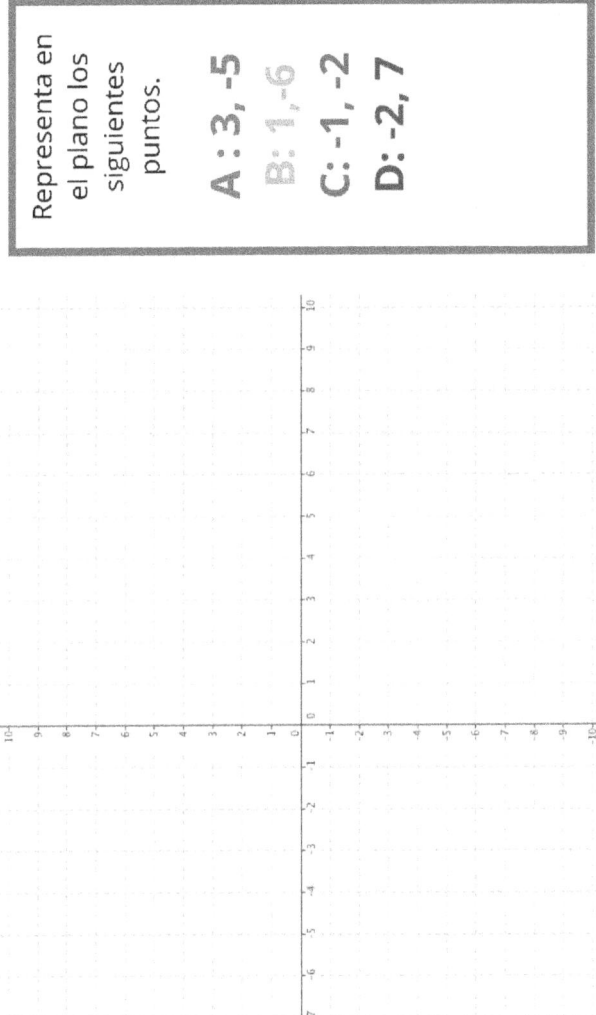

Soluciones.

Ejercicio 1:	-8
Ejercicio 2:	-5
Ejercicio 3:	-10
Ejercicio 4:	-13
Ejercicio 5:	-1
Ejercicio 6:	+3
Ejercicio 7:	+4
Ejercicio 8:	-3
Ejercicio 9:	-9
Ejercicio 10:	-2
Ejercicio 11:	-12
Ejercicio 12:	+1
Ejercicio 13:	+2
Ejercicio 14:	-10
Ejercicio 15:	+4
Ejercicio 16:	-10
Ejercicio 17:	+3
Ejercicio 18:	-6
Ejercicio 19:	-4
Ejercicio 20:	-1
Ejercicio 21:	-1
Ejercicio 22:	-1
Ejercicio 23:	+6
Ejercicio 24:	+1
Ejercicio 25:	+14
Ejercicio 26:	+15
Ejercicio 27:	+7
Ejercicio 28:	+8
Ejercicio 29:	-11
Ejercicio 30:	-12
Ejercicio 31:	-13
Ejercicio 32:	-7
Ejercicio 33:	-12
Ejercicio 34:	+2
Ejercicio 35:	-8
Ejercicio 36:	-6
Ejercicio 37:	0
Ejercicio 38:	+12
Ejercicio 39:	-9

350 Ejercicios de Números Enteros para Sexto de Primaria

Ejercicio 40:   +6
Ejercicio 41:   -7
Ejercicio 42:   -11
Ejercicio 43:   -8
Ejercicio 44:   -12
Ejercicio 45:   -2
Ejercicio 46:   +2
Ejercicio 47:   +3
Ejercicio 48:   -6
Ejercicio 49:   -8
Ejercicio 50:   -5
Ejercicio 51:   -9
Ejercicio 52:   +3
Ejercicio 53:   +3
Ejercicio 54:   -9
Ejercicio 55:   +1
Ejercicio 56:   -12
Ejercicio 57:   +1
Ejercicio 58:   -5
Ejercicio 59:   -5
Ejercicio 60:   +3
Ejercicio 61:   -2
Ejercicio 62:   -1
Ejercicio 63:   +1
Ejercicio 64:   -6
Ejercicio 65:   +13
Ejercicio 66:   +14
Ejercicio 67:   +8
Ejercicio 68:   +8
Ejercicio 69:   -13
Ejercicio 70:   -17
Ejercicio 71:   -8
Ejercicio 72:   -11
Ejercicio 73:   -9
Ejercicio 74:   -1
Ejercicio 75:   -13
Ejercicio 76:   -1
Ejercicio 77:   +3
Ejercicio 78:   +9
Ejercicio 79:   -5
Ejercicio 80:   +6
Ejercicio 81:   -11

Proyecto Aristóteles

Ejercicio 82:	-6
Ejercicio 83:	-14
Ejercicio 84:	-7
Ejercicio 85:	+3
Ejercicio 86:	0
Ejercicio 87:	+6
Ejercicio 88:	-4
Ejercicio 89:	-11
Ejercicio 90:	+5
Ejercicio 91:	-11
Ejercicio 92:	0
Ejercicio 93:	0
Ejercicio 94:	-9
Ejercicio 95:	+2
Ejercicio 96:	-11
Ejercicio 97:	+4
Ejercicio 98:	-2
Ejercicio 99:	+3
Ejercicio 100:	-5
Ejercicio 101:	-2
Ejercicio 102:	-2
Ejercicio 103:	-4
Ejercicio 104:	0
Ejercicio 105:	+15
Ejercicio 106:	+15
Ejercicio 107:	+5
Ejercicio 108:	+15
Ejercicio 109:	-9
Ejercicio 110:	-9
Ejercicio 111:	-16
Ejercicio 112:	-7
Ejercicio 113:	-13
Ejercicio 114:	+3
Ejercicio 115:	-12
Ejercicio 116:	-5
Ejercicio 117:	+2
Ejercicio 118:	+13
Ejercicio 119:	-4
Ejercicio 120:	+10
Ejercicio 121:	-11
Ejercicio 122:	-11
Ejercicio 123:	-9

350 Ejercicios de Números Enteros para Sexto de Primaria

Ejercicio 124:   -7
Ejercicio 125:   +2
Ejercicio 126:   +2
Ejercicio 127:   +3
Ejercicio 128:   -4
Ejercicio 129:   -8
Ejercicio 130:   +3
Ejercicio 131:   -16
Ejercicio 132:   -5
Ejercicio 133:   +1
Ejercicio 134:   -7
Ejercicio 135:   +1
Ejercicio 136:   -11
Ejercicio 137:   +1
Ejercicio 138:   -2
Ejercicio 139:   -3
Ejercicio 140:   -4
Ejercicio 141:   +9
Ejercicio 142:   -7
Ejercicio 143:   +13
Ejercicio 144:   -2
Ejercicio 145:   -12
Ejercicio 146:   +2
Ejercicio 147:   -5
Ejercicio 148:   -2
Ejercicio 149:   -3
Ejercicio 150:   -9
Ejercicio 151:   -2
Ejercicio 152:   -11
Ejercicio 153:   -10
Ejercicio 154:   +1
Ejercicio 155:   -9
Ejercicio 156:   -1
Ejercicio 157:   +4
Ejercicio 158:   +4
Ejercicio 159:   +15
Ejercicio 160:   +3
Ejercicio 161:   -9
Ejercicio 162:   +2
Ejercicio 163:   -16
Ejercicio 164:   -13
Ejercicio 165:   +5

Ejercicio 166: +14
Ejercicio 167: 0
Ejercicio 168: +11
Ejercicio 169: +1
Ejercicio 170: -10
Ejercicio 171: -1
Ejercicio 172: -7
Ejercicio 173: -8
Ejercicio 174: -3
Ejercicio 175: +12
Ejercicio 176: +4
Ejercicio 177: -15
Ejercicio 178: +17
Ejercicio 179: -9
Ejercicio 180: +6
Ejercicio 181: +8
Ejercicio 182: -1
Ejercicio 183: +10
Ejercicio 184: +1
Ejercicio 185: -11
Ejercicio 186: -1
Ejercicio 187: -13
Ejercicio 188: -7
Ejercicio 189: 0
Ejercicio 190: -8
Ejercicio 191: +1
Ejercicio 192: -10
Ejercicio 193: -9
Ejercicio 194: +4
Ejercicio 195: -8
Ejercicio 196: +2
Ejercicio 197: +11
Ejercicio 198: +5
Ejercicio 199: +14
Ejercicio 200: -7
Ejercicio 201: -8
Ejercicio 202: -3
Ejercicio 203: -9
Ejercicio 204: -12
Ejercicio 205: -1
Ejercicio 206: +13
Ejercicio 207: +5

Ejercicio 208: +6
Ejercicio 209: +3
Ejercicio 210: +13
Ejercicio 211: +2
Ejercicio 212: -10
Ejercicio 213: -6
Ejercicio 214: -2
Ejercicio 215: -14
Ejercicio 216: +5
Ejercicio 217: -16
Ejercicio 218: +9
Ejercicio 219: -5
Ejercicio 220: +6
Ejercicio 221: +9
Ejercicio 222: -4
Ejercicio 223: +11
Ejercicio 224: +5
Ejercicio 225: -1
Ejercicio 226: -14
Ejercicio 227: +2
Ejercicio 228: -10
Ejercicio 229: -3
Ejercicio 230: +2
Ejercicio 231: +2
Ejercicio 232: -2
Ejercicio 233: +3
Ejercicio 234: 0
Ejercicio 235: -1
Ejercicio 236: -2
Ejercicio 237: -2
Ejercicio 238: -10
Ejercicio 239: +6
Ejercicio 240: -11
Ejercicio 241: +1
Ejercicio 242: +14
Ejercicio 243: -6
Ejercicio 244: -1
Ejercicio 245: 0
Ejercicio 246: -14
Ejercicio 247: +3
Ejercicio 248: -10
Ejercicio 249: +2

Proyecto Aristóteles

Ejercicio 250: +11
Ejercicio 251: -4
Ejercicio 252: +9
Ejercicio 253: +14
Ejercicio 254: -13
Ejercicio 255: +7
Ejercicio 256: -7
Ejercicio 257: -1
Ejercicio 258: -7
Ejercicio 259: -1
Ejercicio 260: -7
Ejercicio 261: +12
Ejercicio 262: +5
Ejercicio 263: +12
Ejercicio 264: -3
Ejercicio 265: +2
Ejercicio 266: -7
Ejercicio 267: -2
Ejercicio 268: -6
Ejercicio 269: -10
Ejercicio 270: +2
Ejercicio 271: 0
Ejercicio 272: +4
Ejercicio 273: -2
Ejercicio 274: -1
Ejercicio 275: +6
Ejercicio 276: -2
Ejercicio 277: +1
Ejercicio 278: -12
Ejercicio 279: +1
Ejercicio 280: -7
Ejercicio 281: -4, -2, +2, -7, -4, -9
Ejercicio 282: +9, +14, +16, +13, +18, +21
Ejercicio 283: -8, -5, -3, -7, -5, -8, -13
Ejercicio 284: -10, -3, -8, -10, -6, -11, -14
Ejercicio 285: -4, -7, 0, +4, +2, +5, +10
Ejercicio 286: -2, -11, -6, -4, -11, -6, -3
Ejercicio 287: -10, -7, -14, -18, -16, -19, -24
Ejercicio 288: -7, +2, -3, -5, +2, -3, -6
Ejercicio 289: +4, +1, +8, +12, +10, +13, -8
Ejercicio 290: 0, -4, +1, +3, -4, +1, +4
Ejercicio 291: -6, -3, -10, -14, -12, -15, -7

350 Ejercicios de Números Enteros para Sexto de Primaria

Ejercicio 292:   -10, -8, -13, -15, -8, -13, -16
Ejercicio 293:   -10, -7, -9, -13, -11, -14, -19
Ejercicio 294:   -5, -3, -8, -10, -7, -12, -15
Ejercicio 295:   -4, -7, -5, +2, -7, -4, +1
Ejercicio 296:   -3, -5, 0, +2, -1, +4, +7
Ejercicio 297:   +1, -5, -7, -3, -11, -8, -15
Ejercicio 298:   +2, -4, +1, +3, -1, +6, +9
Ejercicio 299:   -14, -17, -10, -14, -16, -13, -5
Ejercicio 300:   -3, -12, -7, -5, -12, -6, -3
Ejercicio 301:   -11, -8, -15, -20, -10, -1, -6
Ejercicio 302:   -9, -11, -16, -25, -22, -27, -30
Ejercicio 303:   +1, -2, +5, +9, +7, +15, +20
Ejercicio 304:   -4, -13, +3, +5, -2, +3, +8
Ejercicio 305:   -3, -6, +1, +5, +3, +6, 0
Ejercicio 306:   +1, -8, -3, -1, -8, -3, 0
Ejercicio 307:   -6, -3, -10, -14, -12, -15, -20
Ejercicio 308:   -11, -7, -12, -14, -7, -13, -16
Ejercicio 309:   -4, -13, -6, -2, -4, 0, -6
Ejercicio 310:   +1, -1, +5, +8, +2, +9, +14
Ejercicio 311:   -10, -8, -11, -7, -4, -8, -1
Ejercicio 312:   -6, -3, -9, -14, -5, -12, -21
Ejercicio 313:   (Página 46) Representación en el plano
Ejercicio 314:   (Página 47) Representación en el plano
Ejercicio 315:   (Página 48) Representación en el plano
Ejercicio 316:   (Página 49) Representación en el plano
Ejercicio 317:   (Página 50) Representación en el plano
Ejercicio 318:   (Página 51) Representación en el plano
Ejercicio 319:   (Página 52) Representación en el plano
Ejercicio 320:   (Página 53) Representación en el plano
Ejercicio 321:   (Página 54) Representación en el plano
Ejercicio 322:   (Página 55) Representación en el plano
Ejercicio 323:   (Página 56) Representación en el plano
Ejercicio 324:   (Página 57) Representación en el plano
Ejercicio 325:   (Página 58) A: (-4, 5); B: (2, 4); C: (-2, -2); D: (3, -3)
Ejercicio 326:   (Página 59) A: (-4, +5); B: (1, 3); C: (-2, 2); D: (5, -5)
Ejercicio 327:   (Página 60) A: (-1, 1); B: (-3, 3); C: (-3, -1); D: (2, -2)
Ejercicio 328:   (Página 61) A: (-5, 4), B: (2, 5), C: (-8, -2); D: (-2, -4)
Ejercicio 329:   (Página 62) A: (1, 2); B: (5, -2); C: (-2, -7); D: (-3, 8)
Ejercicio 330:   (Página 63) A: (-2, 7); B: (-1, -4); C: (-9, -2); D: (1, 7)
Ejercicio 331:   (Página 64) A: (7, 2); B: (-4, +8); C: (-6, -3); D: (5, -2)
Ejercicio 332:   (Página 65) A: (-2, 7); B: (1, -2); C: (4, -7); D: (-3, 3)
Ejercicio 333:   (Página 66) A: (-4, -8); B: (-7, -3); C: (-1, 4); D: (-1, -2)

Proyecto Aristóteles

Ejercicio 334: (Página 67) A: (-2, -3); B: (-2, 3); C: (2, 1); D: (-1, 1)
Ejercicio 335: (Página 68) A: (-9, -5); B: (2, 5); C: (-1, 5); D: (1, -1)
Ejercicio 336: (Página 69) (-3, -1)
Ejercicio 337: (Página 70) (+4, -5)
Ejercicio 338: (Página 71) (-7, +3)
Ejercicio 339: (Página 72) (-7, +2)
Ejercicio 340: (Página 73) (2, 6)
Ejercicio 341: (Página 74) (7, -5)
Ejercicio 342: (Página 75) (+10, +1)
Ejercicio 343: (Página 76) (+7, -8)
Ejercicio 344: (Página 77) (+5, +7)
Ejercicio 345: (Página 78) (+9, -2)
Ejercicio 346: (Página 79) (-5, -2)
Ejercicio 347: (Página 80) Representación en el plano
Ejercicio 348: (Página 81) Representación en el plano
Ejercicio 349: (Página 82) Representación en el plano
Ejercicio 350: (Página 83) Representación en el plano

EPÍLOGO

¡Buen trabajo!

Acabas finalizar el Volumen de Números Enteros de la serie de Ejercicios para Sexto de Primaria.
Si quieres continuar practicando consulta en tu librería, en Amazon o en nuestra web:

www.proyectoaristoteles.com

www.ingramcontent.com/pod-product-compliance
Lightning Source LLC
Chambersburg PA
CBHW051732170526
45167CB00002B/900